高职高专"十二五"规划教材

服装材料

第二版

马腾文 殷广胜 ◎主编

FUZHUANG
CAILIAO

 化学工业出版社

北 京

本书主要介绍了服装用纤维、纱线、织物、面料、辅料等，较详细地讲述了服装材料的分类、性质、特点和用途，同时也介绍了服装及其材料的保养和整理、再造设计等方面的知识，明确了服装材料在服装设计和制作中的意义及作用。内容丰富、图文并茂。

　　本书为高职高专服装类及纺织类专业教材，也可供从事服装设计和制作的有关人员参考。

图书在版编目（CIP）数据

服装材料/马腾文，殷广胜主编. —2版. —北京：化学

工业出版社，2013.7（2022.10重印）

高职高专"十二五"规划教材

ISBN 978-7-122-17762-9

Ⅰ.①服… Ⅱ.①马…②殷… Ⅲ.①服装工业-原料-

高等职业教育-教材 Ⅳ.①TS941.15

中国版本图书馆CIP数据核字（2013）第137742号

责任编辑：陈有华　蔡洪伟　　　　　　　　　　文字编辑：李　曦
责任校对：王素芹　　　　　　　　　　　　　　装帧设计：尹琳琳

出版发行：化学工业出版社（北京市东城区青年湖南街13号　邮政编码100011）
印　　装：北京瑞禾彩色印刷有限公司
787mm×1092mm　1/16　印张11¼　字数262千字　2022年10月北京第2版第8次印刷

购书咨询：010-64518888　　　　　　　　　售后服务：010-64518899
网　　址：http://www.cip.com.cn
凡购买本书，如有缺损质量问题，本社销售中心负责调换。

定　　价：35.00元　　　　　　　　　　　　　　　　版权所有　违者必究

高职高专服装类专业规划教材
编审委员会

前 言

"服装材料"一直是服装类专业一门重要的专业课程，通过本课程的学习，使学生掌握服装材料的基本特性以及在服装中的应用，为设计、制作服装提供灵感来源。

《服装材料》教材自2007年出版发行以来，多次重印，受到了广泛的好评。针对目前服装发展的状况和高职高专的人才培养目标，为更好地服务学校教学，我们在广泛征求意见的基础上对本教材进行了修订。修订过程中注重知识动态和静态的结合，在保持原有教材体系的基础上，删除了部分理论性过强的章节，突出以"应用"为主旨的高等职业教育的特征。该教材内容丰富、图文并茂，方便学生学习和阅读。

本书第一章由马腾文编写，第二章由段广胜编写，第三章由张吉升编写，第四章由王思顺、姜寒松编写，第五章由李金强、马宝利编写，第六章由石吉勇编写，第七章由张富云编写，全书由马腾文、张吉升统稿。青岛大学纺织服装学院潘福奎教授主审。编写过程中参阅了同仁的有关文献资料，在此对相关作者表示衷心的感谢。

由于作者水平有限，难免有不妥之处，请广大同仁和读者多提宝贵意见。

编者
2013年6月

第一版前言

《服装材料》作为服装类专业重要的基础课程，对服装的设计和服装的制作起着决定性的作用，随着服装业不断发展和服饰文化的逐渐形成，人们对于服装材料的作用和地位有了更加明确的认识和更高层次的要求，学好服装材料已经成为有志于从事服装事业人士的共识。本教材正是适应当前服装职业院校对服装材料教学的需要而编写的高职高专教育规划类教材，同时也可供服装相关专业和自学服装专业的人员学习参考。

本教材本着培养技能型、实用型人才的原则出发，分别从服装用纤维原料、纱线、织物、面料、辅料，服装材料的再造等内容较详细地阐述了服装材料的分类、性质、特点及用途，使读者对服装材料在服装设计和制作中的意义及作用，如何正确的选用服装材料以及怎样做到服装材料正确的洗涤和保养以及再创造等方面的知识有全面的了解，从而为服装专业的学习打下坚实的基础。本教材不仅详略得当地传承了以往教材中的关于服装材料的知识，而且根据实际专业需求和实际应用，增添了服装材料再创造的知识，为学生进行服装设计提供更为丰富和更有创意的材料基础。

本书主编马腾文、殷广胜，副主编石吉勇、张吉升、李金强、张富云。绪论、第一章、第九章由马腾文编写；第二章、第八章由殷广胜、张富云编写；第三章、第四章由石吉勇编写；第五章、第七章由殷广胜、张吉升编写；第六章由李金强、张富云编写；第十章、第十一章由马宝利、张中启编写；第十二章由张富云、石吉勇编写。全书由马腾文统稿，潘福奎主审。

由于编写时间仓促，编者水平有限，书中难免有疏漏之处，还望读者批评指正。

编者
2007 年4月

目　录

目　录

目　录

目　录

目　录

目　录

绪　论

学习目标

1. 掌握服装材料的基本概念和分类。
2. 理解服装的概念和分类。
3. 了解服装材料学研究的内容。

　　服装为人们衣、食、住、行之首，是生活中必不可少的东西。随着人类的进步和生活水平的不断提高，人们对服装提出了更新、更高的要求，而这些要求大都必须通过服装材料的进步才能够实现。服装的色彩、款式造型和服装材料是构成服装的三要素。服装的颜色、图案、材质、风格等是由服装材料直接体现的，服装的款式造型亦需依靠服装材料的厚薄、轻重、柔软、硬挺、悬垂性等因素来保证。

一 服装

1. 服装的概念

所谓服装，狭义上是指就是包覆人身上用于蔽体和御寒的物质；广义上讲，是衣服、鞋、帽和各种装饰品，通常情况下，服装专指衣服。

2. 服装的属性

服装具有自然属性和社会属性的双重性质。服装的自然属性是指服装本身具有的物理属性，具体体现在服装的保暖性、吸湿性、通气性等实用的功能，自然属性是服装存在的物质基础；同时，服装还具有一定的社会属性，具体表现在服装的装饰、标示和象征功能。

3. 服装的构成要素

当我们接触一件服装时，我们首先关注的是服装的款式和色彩，进而要探究组成服装的"料子"和做工。因此，从构成来讲，服装具有材料、款式、色彩和做工四个要素，其中材料决定了其他的三个要素，是最基本也是最重要的要素。

二 服装材料及其分类

凡是用来制作服装的材料统称为服装材料。服装材料的品种丰富多样，分类方法也很多。通常服装材料的分类有材质分类和作用分类两种方法

1. 材质分类

按照组成服装材料的基本材质，服装材料可分为纤维材料和非纤维材料两类。

2. 作用分类

按照材料在服装中的地位和作用进行分类，可分为服装面料和服装辅助材料。

（1）服装面料　面料是体现服装主题特征的材料，是用于服装最外层的基本材料，对服装的造型、色彩和功能等起主要作用。可作为面料的材料很多，包括机织物、针织物非织造布、编织物、毛皮和皮革等，面料是服装材料学习和研究的主要内容。

（2）服装辅助材料　在组成服装的材料中，除了面料之外的其他材料称为服装辅助材

料，辅助材料主要有以下几种。

①　连接材料：用来连接衣片的材料，包括缝纫线、扣紧材料等。

②　填充材料：辅助完成服装造型的材料，包括衬料、填料、垫料等。

③　里料：用于覆盖衣服里面的材料。

④　标志材料：商标、吊牌等。

⑤　装饰材料：花边、蕾丝等。

一件完美的服装除了面料之外，辅助材料也是不可缺少的服装材料，对服装的外观和造型起着重要的支撑作用，因此，辅助材料也是服装材料学研究和学习的内容之一。

三、服装材料的研究内容和任务

服装材料学是研究面料和辅助材料的组成、结构、性能和应用的一门科学。其研究内容主要有以下几个方面。

（1）研究服装材料具有的性能。

（2）研究影响服装材料性能的因素。

（3）研究服装材料各种性能之间的关系以及改善服装材料性能的方法和途径。

（4）研究服装材料性能对服装风格和服装设计加工以及服装服用性能的影响。

（5）研究服装材料的洗涤、熨烫和保养方法。

（6）研究服装材料的艺术设计。

通过学习服装材料学，应较系统地掌握棉、毛、丝、麻、化纤、裘皮面料及辅助材料的分类、性能、用途及其检验与选用，还应简要地了解服装材料的新进展和服装的整理与保管等知识。从而，可以指导服装设计者正确地选择与使用服装材料，指导服装消费者正确地选购与穿着服装。

思考与练习

1. 什么是服装材料？服装材料是如何分类的？

2. 简述服装材料学的研究内容。

3. 观察自己和身边同学的服装，找出不同季节的服装和同一季节不同款式的服装，看看这些服装的材料组成。

4. 找出5套夏季的服装，感受其材料的特点。

第一章　服装用纤维

- 第一节　服装用纤维原料的分类
- 第二节　服装用纤维的结构与性能
- 第三节　常用服装用纤维
- 第四节　新型服装用纤维
- 第五节　纤维鉴别

学习目标

1. 了解认知纤维的方法，熟悉纤维的分类。

2. 掌握天然纤维的基本知识，熟悉它们的主要性能，理解其性能与结构的关系。

3. 了解化学纤维的加工原理，理解再生纤维与合成纤维各自的特点。

4. 掌握纤维的鉴别方法，能用手感目测法、燃烧鉴别法鉴别常见纤维。

5. 了解各种新型纤维。

　　纤维是服装材料中用量最多的基本原料，从宏观的角度看，纤维是服装材料的最基本原料，纤维的性能和外观将直接影响服装的服用性能、保管性能和加工性能。了解和掌握纤维的基本性能，对选择服装材料、服装设计、服装加工和服装的洗涤保管都有很重要的指导作用。

第一节 服装用纤维原料的分类

 一 纤维与纺织纤维的基本概念

纤维是长度比细度大许多倍并具有柔韧性的纤细物质。纤维大量存在于自然界中，如植物种子上的绒毛，植物躯干的木质和韧皮，叶的经络；动物的毛发、呈纤维状的分泌液；矿物中的石棉纤维等。纤维也可以用化学方法人工制取。凡是可作为纺织原料，用来生产纺织制品的纤维，即称为纺织纤维。纺织纤维必须具备以下特性，才能满足服装制作和服用的需要。

1. 纤维有优良的机械性能

纺织纤维必须具有一定的强度、弹性和可塑性，并有良好的耐疲劳、耐磨的特性等。

2. 纤维有适当的长度和细度

纺织纤维的长度和细度应该符合纺织工艺的要求，纤维个体间的性质差异不能过大。

3. 纤维的化学性能稳定

纺织纤维应能经受得起日常接触到的一般弱酸、弱碱，并具有耐光、耐晒、保温、吸湿、透气等性能。特殊用途的纤维应按其用途具有耐酸碱、耐火、防腐、防紫外线、防原子辐射穿透等特殊性能。

4. 具有一定的服用性能

如吸湿性、透气性和保暖性等。

 二 纺织纤维的分类

用于服装材料的纤维种类繁多，一般按照纤维的来源将纤维分为天然纤维和化学纤维两大类。天然纤维可分为植物纤维、动物纤维和矿物纤维三种。化学纤维可分为再生纤维和合成纤维两大类。具体如图1-1所示。

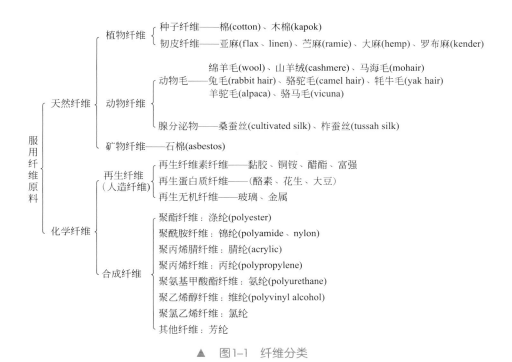

▲ 图1-1 纤维分类

1. 天然纤维

天然纤维是由自然界中植物、动物和矿物中获取的纤维。天然纤维可分为植物纤维、动物纤维和矿物纤维三种。

（1）植物纤维 植物纤维又称纤维素纤维，是由自然界中存在的植物之中提取的纤维。包括种子纤维、韧皮纤维和叶纤维等，如图1-2和图1-3所示。

① 种子纤维：棉、木棉。

② 韧皮纤维：苎麻、亚麻、黄麻、大麻等。

③ 叶纤维：剑麻、蕉麻等。

| (a) | (b) |

▲ 图1-2 棉纤维

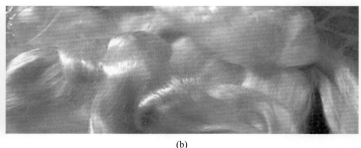

(a)   (b)

▲ 　图1-3　麻植物与麻纤维

（2）动物纤维　动物纤维又称蛋白质纤维，是从动物的毛发或昆虫的腺分泌物中提取的纤维，包括毛发类和腺分泌物类，如图1-4所示。

① 毛发类：羊毛、兔毛、骆驼毛等。

② 腺分泌物类：桑蚕丝、柞蚕丝等。

（3）矿物纤维　矿物纤维又称天然无机纤维，是从矿物中提取的纤维。主要包括各类石棉。如图1-5所示。

▲ 　图1-4　绵羊　　　　　　　　　　　　▲ 　图1-5　石棉纤维

2. 化学纤维

化学纤维是以天然的或合成的高聚物为原料，经过化学处理和机械加工而得到的纤维。化学纤维可分为再生纤维和合成纤维两大类

（1）再生纤维　再生纤维是以天然高聚物为原料经过加工得到的纤维。包括再生纤维素纤维、再生蛋白质纤维、再生无机纤维和再生有机纤维。

① 再生纤维素纤维：黏胶纤维、铜氨纤维、醋酯纤维、富强纤维等。

② 再生蛋白质纤维：大豆纤维、花生纤维等。

③ 再生无机纤维：玻璃纤维、金属纤维、碳纤维等。

④ 再生有机纤维：甲壳素纤维、海藻纤维等。

（2）合成纤维　合成纤维是以合成的高聚物为原料经过化学处理和机械加工得到的纤维，主要有以下几种。

① 聚酯纤维：涤纶。
② 聚酰胺纤维：锦纶纤维，俗称尼龙。
③ 聚丙烯腈纤维：腈纶纤维，也称奥纶、开司米纶等。
④ 聚乙烯醇纤维：维纶纤维，也称维尼纶、妙纶等。
⑤ 聚氯乙烯纤维：氯纶纤维，也称天美纶。
⑥ 聚丙烯纤维：丙纶纤维，也称帕纶。
⑦ 聚氨酯纤维：氨纶纤维，也称弹性纤维、司潘德克斯纤维等。

此外，按纤维长度常把各种天然纤维和化学纤维分为长丝和短纤维，天然纤维中的棉、毛、麻属于短纤维，蚕丝属于长丝；化学纤维通常是长丝状，根据具体用于可以任意截取成短纤维，可分为棉型、毛型和中长型三种。

第二节　服装用纤维的结构与性能

一 服装用纤维的宏观结构

服用纤维的表面形态是以纤维轮廓为主的特征，主要包括纤维的长度和细度及其纤维的表面形态等。

1. 长度

纤维长度是指纤维伸直而未伸长时两端的距离，单位一般为毫米。纤维长度是衡量纤维品质的重要指标，对成纱的强度、细度和表面光洁度和服装的性能有着很大的影响。天然纤维的长度取决于纤维的种类品种，而化学纤维的长度可以人为控制。

2. 细度

纤维的细度是指纤维的粗细程度。纤维细度直接影响所纺纱线的细度、品质和织物的风格及性能，如较细的纤维可以纺成较细的纱线，织成软薄的织物，适于夏季服装的制作。

3. 表面形态

纤维的横截面形状和纵向形态影响着纤维的光泽、手感、弹性、蓬松性和吸湿等性能，跟纱线和织物的外观风格和性能有密切的关系。天然纤维的表面形态由其品种决定，化学纤维的表面形态可以人为改变和控制。

二、服装用纤维的微观结构

由于各种纤维内部结构的差异，各种纤维表现出不同的性能，纤维的内部结构主要包括纤维大分子组成、大分子的排列方式等。

1. 纤维大分子的组成

大多数服装用纤维原料都是大分子化合物，其分子量巨大，但其化学组成并不复杂，都是由许多相同或相似的基本单元重复组成的。重复的基本单元称为单体或单基，大分子中单基的个数叫大分子的聚合度，通常情况下，聚合度越大，纤维的强度越高。

纤维大分子的单体通常都有独特的化学结构，单体的化学结构、官能团的种类决定了纤维的耐酸、耐碱、耐光、吸湿、染色等化学性能。

2. 纤维大分子的排列方式

（1）纤维大分子的结晶度　纤维大分子之间的结合堆砌形态，称为大分子的"凝聚形态"，通常把这种形态简单地分为结晶态和非结晶态两类。纤维大分子有规律地整齐排列的状态称为结晶态，纤维中呈现结晶态的区域叫做结晶区；纤维大分子无规律紊乱堆砌的状态称为非结晶态，纤维中呈现非结晶态的区域叫做非结晶区或无定形区。一根纤维中同时存在于结晶区和非结晶区，结晶区中大分子排列紧密规整，空隙较小，使纤维的吸湿较为困难、强度较高、变形较小，而非结晶区大分子排列较为紊乱，缝隙空洞较多，纤维易于吸湿、强度较低、易于变形。纤维的性能受结晶区和非结晶区的综合作用的影响，结晶区的质量占整个纤维质量的百分比叫做结晶度。

（2）纤维大分子的取向度　在纤维大分子排列中，大多数大分子的排列方向与纤维的轴向是一致的。纤维内大分子链主轴方向与纤维轴方向一致的程度称为大分子的取向度。天然纤维的取向度与纤维的品种、生长条件有关。化学纤维的取向度主要取决于制造过程中对纤维的拉伸，拉伸倍数越大，纤维的取向度越高。

三、服装用纤维的基本性能

服装用纤维必须具备一些基本的性能，如可纺性、吸湿性、弹性、强度和延伸性等，以满足人们穿着服用的要求。

1. 可纺性

可纺性是指短纤维纺纱时，能纺制成具备一定性能的纱线的性能，与纤维的长度、细度、纤维的形状和表面结构、温湿度有密切的关系。

2. 拉伸性

纤维在外力的作用下会产生各种变形，在拉伸力作用下产生变形的性能称之为拉伸性能，衡量纤维拉伸性能的指标主要有绝对强力、强度和断裂伸长率。

（1）绝对强力　也叫拉伸断裂强力，是指纤维被拉断时所能承受的最大外力。

（2）强度　单位细度的纤维被拉断时所能承受的最大外力。

（3）断裂伸长率　纤维断裂时发生的伸长占拉伸前纤维原长的百分比。

3. 拉伸变形和弹性

（1）拉伸变形　纤维在外界拉力的作用下会发生一定的伸长变形，依据撤销外力后能否恢复和恢复的快慢，拉伸变形分为急弹性变形、缓弹性变形和塑性变形三种。

（2）弹性　纤维的弹性是指纤维发生变形后，能恢复到原有状态的能力，常用弹性回复率表示纤维弹性的大小。所谓弹性回复率是指变形中急弹性形变和缓弹性形变占总变形量的百分率。

4. 热学性能

服装用纤维及其制品在不同温度下所变现出的各种变化，称之为纤维的热学性能，主要包括纤维的导热性、耐热性及热定型性能等。

（1）导热性　纤维及其制品在两面存在温差时，温度总是从高的一面向低的一面传递，这种性能称为纤维的导热性。一般用热导率来表示，它是指在热的传递方向上，纤维材料的厚度为1m，两面温差为1℃时，1s内通过$1m^2$的热量数。热导率直接影响材料的冷暖触感和保暖性，保暖性与材料的热导率成反比。在服装穿着过程所接触到的常见物质中，水的热导率最大，静止空气的热导率最小，因此，纤维材料集合体的保暖性主要取决于材料本身、纤维间静止空气的含量和水分的数量。

（2）耐热性　纤维在一定温度作用下，结构和性能会发生一定的变化，纤维抵抗热破坏的能力称为纤维的耐热性，主要包括热收缩、强度下降、熔孔性和燃烧性能。

① 热收缩。纤维的热收缩性是指温度升高时，纤维通过热运动而自动地弯曲缩短，形成卷曲现象，从而产生纤维的收缩。

② 燃烧性能。纤维是否易于燃烧及在燃烧过程中变形出的燃烧速度、熔融、收缩等现象称为纤维的燃烧性能。表示纤维的燃烧性能的指标有两种：一是表示纤维是否容易燃烧；二是表示纤维能否经受燃烧。前者评定纤维的可燃性；后者评定纤维的阻燃性，用极限氧指数来评定，表示纤维点燃后能在空气中继续燃烧所需要的最低含氧量的体积百分数。

③ 熔孔性。纤维接触到烟灰或火星，在织物表面形成孔洞的性能。

（3）热定型　当把纤维加热到一定温度时，纤维内大分子间的结合力减弱，分子链段开始自由运动，纤维变形能力提高。在外力作用下强迫其变形，会引起纤维内部分子链间部分原有的价键拆开，并在新的位置建立新的价键。冷却并解除外力后，新的形状就会保持下来，以后只要不超过这个处理温度，形状基本上不发生变化，这个性质称为热塑性，这个加工过程称为热定型。热定型的效果根据时间持久性可分为暂时定形和永久定性，其主要影响因素有纤维本身的性能、定型温度、定型时间、施加的外力和冷却方式等。

5. 吸湿性

纤维及其制品在空气中吸收或放出水分的能力称为纤维的吸湿性、纤维的吸湿是一种动态的平衡。服装材料的吸湿性是影响服装舒适性能的一个重要因素，它还影响着服装的尺寸稳定性、质量、物理机械性能等，是纤维重要性能之一。表示纤维吸湿性能一般用含水率和回潮率两个指标，我国现行标准中，棉纤维和麻纤维采用含水率，其他纤维均采用回潮率。

（1）含水率　纤维吸收水分的质量占纤维湿重的百分率叫含水率，其计算公式为

$$M=\frac{G-G_0}{G}\times100\%$$

式中　M——纤维的含水率；
　　　G——纤维的湿重；
　　　G_0——纤维的干重。

（2）回潮率　纤维中水分的含量占纤维干重的百分率叫回潮率，其计算公式为

$$W=\frac{G-G_0}{G}\times100\%$$

式中　W——纤维的回潮率；
　　　G——纤维的湿重；
　　　G_0——纤维的干重。

不同纤维的吸湿能力不同，同种纤维在不同的大气环境下也会变现出不同的吸湿能力。因此，为了正确比较各种纤维的吸湿性，常用标准回潮率和公定回潮率加以标定。

① 标准回潮率。在标准大气条件下，测得的纤维的回潮率。

② 公定回潮率。为了测试计重和贸易计价的方便合理，国家对各种纤维的回潮率做了统一规定。不同国家对纤维材料的公定回潮率的规定不一，我国常见纤维的公定回潮率如表1-1所示。

表1-1　常见纤维的公定回潮率

纤维	公定回潮率/%	纤维	公定回潮率/%	纤维	公定回潮率/%
棉	8.5	麻	12.0	锦纶	4.5
羊毛	15.0	椰壳纤维	13.0	腈纶	2.0
马海毛	14.0	黏胶纤维	13.0	维纶	5.0
分梳山羊绒	17.0	醋酯纤维	7.0	氯纶、丙纶	0
兔毛、骆驼毛	15.0	天丝	10.0	氨纶	1.3
蚕丝	11.0	莫代尔	11.0	芳纶	7.0
木棉	10.9	涤纶	0.4		

③ 公定质量（标准质量）。纱线在公定回潮率时的湿重叫做公定质量。公定质量与实际质量之间的换算关系为

$$公定质量 = 实际质量 \times \frac{1 + 公定回潮率}{1 + 实际回潮率}$$

④ 混纺材料公定回潮率的计算。

$$混纺材料公定回潮率 = \frac{\sum W_i P_i}{100}$$

式中　W_i——混纺材料中第i种纤维的公定回潮率；

　　　P_i——混纺材料中第i种纤维的混纺比。

6. 体积质量

纤维的体积质量是指单位体积的纤维质量，其影响织物的覆盖性及服装的轻重。

7. 抗静电性

两种电性不同的物体相互接触或摩擦时，产生电子转移，使一个物体带正电荷，另一个物体带负电荷的现象，称为静电现象。吸湿性的纤维如涤纶、腈纶等纤维，在纺织加工和使用过程中，经常容易产生静电，使服装易于沾灰尘、沾污，衣裤之间相贴使人行动不便，严重时甚至引起火灾。如果气候潮湿，纤维吸湿后导电能力增强，可有效消除静电现象。

8. 耐日光性

服用纤维在日光照射下，强度会下降，颜色和光泽也会发生相应变化，纤维抵抗这种破坏的能力，称为耐日光性。常见纤维的耐日光性顺序为

腈纶 > 麻 > 棉 > 羊毛 > 黏胶纤维 > 醋酯纤维 > 涤纶 > 锦纶 > 丝 > 丙纶

9. 耐化学药品性

耐化学药品性是指纤维抵抗化学药品破坏的能力。纺织纤维在纺织染整加工、穿着服用和洗涤过程中，经常与接触到酸、碱等化学药品，纤维种类不同，对酸、碱的抵抗能力不同，通常纤维素纤维耐碱不耐酸，蛋白质纤维耐酸不耐碱。

第三节　常用服装用纤维

一　天然纤维

天然纤维是人类在生存和发展过程中，发现和认识的最早期的服装用纤维，已经有数千

年的历史。天然纤维面料穿用舒适、安全无害，但易皱易霉、尺寸稳定性差，给服装的洗涤和保管带来不便，通过新型整理技术可以逐步改善天然纤维面料的服用性能。

1. 棉纤维

棉纤维是棉花种子上的绒毛，是纺织工业上使用最为广泛的原料。由于它产量高、质量好、价格低，是纺织品的重要原料。从棉株上摘下来的带籽棉花称为籽棉，籽棉在轧棉厂经轧棉机初步加工，去除棉籽之后，称为皮棉（棉纺厂称之为原棉）。

（1）化学组成　主要组成物质是纤维素纤维，除纤维素外，棉纤维还含有果胶、棉蜡等纤维素伴生物。

（2）形态结构

① 纵向结构：棉纤维纵向呈扁平带状，有天然的扭曲。

② 横截面：棉纤维的横截面呈腰圆形，中间有空腔。棉纤维的形态结构如图1-6所示。

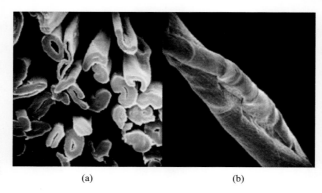

(a)　　　　　　　　　(b)

▲　图1-6　棉纤维的形态结构

（3）棉纤维的种类　根据纤维的粗细、长短和强度，原棉一般可分为以下三类。

① 长绒棉：长绒棉又称为海岛棉，它是一种细长、富有光泽、强力较高的棉纤维，是纺织高档和特种纺织品的重要原料。长绒棉纤维长而细，长度为33～64mm，细度为0.15～0.2tex，可纺3～7特的特细特纱。

② 细绒棉：细绒棉又称陆地棉，其产量高、质量也好，纤维细度为0.2～0.166特，纤维长度为25～33mm，可纺9～14特以下的中、细特纱。

③ 粗绒棉：又称亚洲棉，粗绒棉纤维粗而短，品质较差，现在已很少种植。

（4）棉纤维的主要性能

① 吸湿性：棉纤维的大分子上由许多亲水性集团，纤维本身又是多孔性物质，因而棉纤维有较好的吸湿性。棉织物穿时舒适、吸湿透气、不起静电。

② 耐碱性：棉纤维有较好的耐碱性，稀碱在常温下不会影响棉织物的强度，用18%的烧碱溶液浸泡织物，并且加一定张力，可以使棉织物呈现丝一样的光泽，这种处理称为丝光。丝光后的棉纤维吸湿性能会提高，染色性能会提高。

③ 耐酸性：棉纤维耐酸性较差，酸可以使纤维素分解。

④ 强度和伸长：棉纤维有较高的强度，尤其是湿强度更高。棉纤维变形能力差，断裂

伸长率为3%～7%。

⑤ 易霉变：微生物和霉菌对棉织物有破坏作用，棉布服装应该清洗干净后防潮保管。

⑥ 易折皱：棉织物弹性恢复性差，易产生折皱和变形。棉布服装洗涤后需要熨烫恢复平整。

2. 麻纤维

麻纤维是从麻类植物上获取的纤维，包括韧皮纤维和叶纤维。麻纤维是人类最早用来做衣服的原料。麻纤维的种类很多，经常用于纺织原料的有苎麻、亚麻、大麻等。

（1）苎麻

① 化学组成：主要组成物质为纤维素，其余为伴生物。

② 形态结构：纵向表面有横节和竖纹，横截面呈腰圆形，有中腔，截面上呈现大小不等的裂缝纹。

（2）亚麻

① 化学组成：同苎麻。

② 形态结构：纵向同苎麻，横截面呈多角形，有较小的中腔。

苎麻、亚麻的外观形态结构如图1-7和图1-8所示。

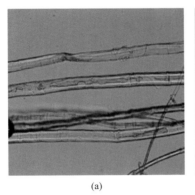

(a)　　　　　　　　　　　　(b)

▲　图1-7　苎麻的外观形态结构

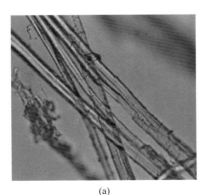

(a)　　　　　　　　　　　　(b)

▲　图1-8　亚麻的外观形态结构

（3）麻纤维的主要性能

① 吸湿性：麻纤维有良好的吸湿性能，麻纤维的散湿速度比吸湿速度快1倍，可以快速将织物中的水分向外散发，夏季穿用麻织物凉爽舒适、吸湿透气、消汗离体。

② 耐酸碱性能：麻纤维耐碱不耐酸。耐碱性不如棉纤维，耐酸性比棉纤维好。

③ 导热性：麻纤维导热速度快，麻类织物表面有凉爽的感觉。

④ 强度和伸长：麻纤维有较高的强度，是天然纤维中强度最高的一种纤维，而且麻纤维的湿态强度更高。麻纤维的伸长能力是天然纤维中最小的。

⑤ 抗菌防霉：麻织物对多种病菌和霉菌有抑制作用，可以具有抗菌防霉和除臭功能。

⑥ 弹性：麻纤维的弹性较差，麻面料服装易皱，洗涤后需要熨烫恢复平整。

3. 毛纤维

天然毛纤维包括绵羊毛、山羊绒、兔毛、骆驼毛等，服装面料中用得最多的是绵羊毛和山羊绒。

（1）化学组成　主要化学组成是蛋白质。

（2）形态结构

① 纵向形态：羊毛表面覆盖有鳞片层，头端指向羊毛的梢部，纵向为鳞片包覆的圆柱形，并且带有天然扭曲。鳞片覆盖形态随毛纤维种类而不同，分为环形覆盖、瓦状覆盖和龟裂状覆盖三种。

② 横截面形态：羊毛纤维的截面为圆形或椭圆形，由外向内可以分为鳞片层、皮质层和髓质层。

a. 鳞片层：鳞片层是包覆在羊毛最外层的重叠覆盖的角质化蛋白细胞。根部附在毛干上，梢部指向毛尖。鳞片层具有保护毛纤维的作用，并且使毛纤维具有光泽。

b. 皮质层：皮质层是羊毛的实体部分，是决定羊毛性能的基本物质。

c. 髓质层：髓质层是由结构松散和充满空气的角蛋白细胞组成。细羊毛没有髓质层，粗羊毛有髓质层。含髓质层多的羊毛不易染色，强度低，品质较差。羊毛的外观形态结构如图1-9所示。

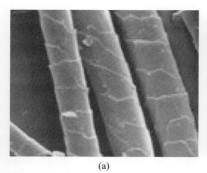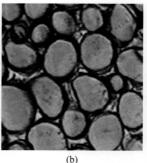

(a)　　　　　　　　　(b)

▲　图1-9　羊毛的外观形态结构

（3）羊毛纤维的主要性能

① 吸湿性能：羊毛纤维是纺织纤维中吸湿性能最好的，羊毛纤维还有一定的蓄水能力，

吸湿后织物表面手摸并不感到潮湿。羊毛纤维吸湿时还会放出热量。

②　耐酸碱性能：羊毛纤维耐酸不耐碱。

③　强度和伸长：羊毛纤维的强度在天然纤维中最低，但伸长能力却很大，初始模量较小，因而羊毛织物手感柔软。

④　缩绒性：缩绒性是羊毛纤维特有的性能。羊毛纤维表面包覆着鳞片，鳞片的排列具有定向性，沿着羊毛不同方向运动时，具有不同的摩擦系数。从毛根部向梢部运动时，是顺鳞片摩擦，摩擦系数较小；从毛梢部向根部运动时，是逆鳞片摩擦，摩擦系数较大。在湿热条件下鳞片张开，羊毛纤维在机械外力作用下反复挤压揉搓，纤维相互交错纠缠，逐渐收缩变厚形成缩绒。羊毛纤维产生缩绒性的原因是其特有的鳞片结构、天然卷曲、良好的弹性和变形性能。利用羊毛纤维的缩绒性，可以使毛织物获得柔软丰厚的手感、优异的保暖效果和典雅的外观风格，但是羊毛的缩绒性也会使羊毛织物尺寸稳定性变差。

⑤　耐微生物性能：羊毛纤维易受虫蛀、易霉变，羊毛面料服装要加驱虫药物防潮保管。

⑥　弹性：羊毛纤维具有良好的弹性回复性能，羊毛面料服装抗皱性和保形性都很好。

（4）特种毛纤维

①　山羊绒。山羊绒是从绒山羊和能抓绒的山羊体上取得的绒毛，国家市场上习惯称之为"克什米尔"，我国称为"开司米"，是一种贵重的纺织纤维，被称为纤维中的"软黄金"。其结构只有鳞片层和皮质层，没有髓质层，跟羊毛相比，具有纤细、柔软、轻盈、保暖等特性，并且不缩水，易定型。

②　马海毛。马海毛原产于土耳其安哥拉地区，又称为安哥拉山羊毛。马海毛毛纤维粗长，卷曲少，鳞片平阔，紧贴于毛干，很少重叠，使纤维表面光滑，光泽度强。纤维卷曲少，纤维强度及回弹性高，不易收缩、毡缩，易于洗涤。

③　兔毛。兔毛由绒毛和粗毛组成，具有轻、软、暖、吸湿性和保暖性好的特点，但强度较低。由于鳞片少而光滑，抱合力差，织物容易掉毛。

④　骆驼毛。骆驼毛由粗毛和绒毛组成，具有独特的驼色光泽，骆驼毛毛被中含有驼毛和驼绒两种纤维。

⑤　牦牛毛。牦牛毛由粗毛和绒毛组成，绒毛细而柔软，光泽柔和，弹性好，保暖性好，手感柔软细腻。

4. 丝纤维

丝纤维是天然纤维中唯一的长纤维，一般长度为800 ～ 1100m，是绸缎的主要原料。丝纤维来源于蚕丝，蚕丝可以分为家蚕丝和野蚕丝。家蚕丝是指桑蚕丝，主要产地在我国江苏省、浙江省、安徽省等。野蚕丝是指柞蚕丝。

（1）化学组成　主要组成物质是蛋白质，其他物质还有蜡状物质、糖类物质、色素与无机物等。

（2）茧的结构　茧由外向里可分为三层：茧衣、茧层和蛹衬。

①　茧衣：茧衣是蚕的最外层，是蚕最初吐的丝，这种丝含胶量过多，组织松软，茧丝较乱，难以纺织。在制丝前应先将这一层剥去，剥去的丝可用于绢纺。

② 茧层：茧层位于茧的中间层，丝的质量最好。茧层结构较紧密，茧丝排列重叠规则，粗细均匀，是缫丝的主要层次，也是丝织品的最好原料。

③ 蛹衬：蛹衬位于蚕的最里层。吐丝的含胶量少，丝最细，结构松散。这层丝也不适于缫丝，只能与蚕衣一样作为绢纺的材料。

（3）丝的结构　茧丝不能直接供织造用，需经过一定的工艺加工，使其形成能供织造用的生丝，主要工序是：剥茧、选茧、煮茧、缫丝、复整。单根茧丝是由两根并列的丝素和丝胶组成。

① 丝素：丝素的横截面呈三角形或半椭圆形，是蚕丝的基本组成部分，呈白色半透明状，具有良好的光泽和强力。组成丝素的化学成分主要是氨基酸，这些氨基酸基本上不溶解于水。

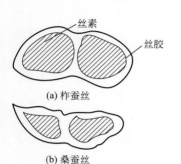

② 丝胶：丝胶位于丝素的外面，并包裹着丝素。丝胶的主要成分是丝氨酸，丝胶能溶解于水，尤其是在高温下，但一经冷却又会凝固。缫丝正是利用了丝胶的这一特性。

▲ 图1-10　蚕丝的形态结构

（4）形态结构

① 纵向形态：两根单丝并合而成，如树干状，粗细不匀，且有许多异状的节。

② 横截面形状：呈三角形或半椭圆形，且成对出现。其形态结构如图1-10所示。

（5）丝纤维的主要性能

① 吸湿性：蚕丝具有良好的吸湿性，桑蚕丝的标准回潮率是8%～9%，柞蚕丝的吸湿性好于桑蚕丝。蚕丝的吸湿速度快，含水量可达10%～20%。

② 耐酸碱性：蚕丝也是天然蛋白质纤维，因而耐酸不耐碱。蚕丝的耐酸性能不如羊毛，耐碱性能比羊毛好。柞蚕丝的耐碱性能比桑蚕丝好。

③ 强度和伸长：蚕丝纤维的强度与棉纤维相近，伸长能力小于羊毛大于棉。

④ 耐光性：蚕丝耐光性很差，易变黄且强度下降，蚕丝织物洗后应该阴干。

⑤ 光泽：蚕丝织物具有非常优美的光泽，这是由于蚕丝有三角形的丝素截面和多层丝胶结构。

⑥ 丝鸣：经过酸处理后的蚕丝织物在相互摩擦时，能产生独特的响声，被称为丝鸣。

二　化学纤维

天然纤维是20世纪之前人类在相当长的时间里所使用的服装原材料，但是随着人口数量的增加，天然纤维已经无法满足人类对服饰材料的需求，人们迫切地需要有天然纤维的替代品出现，因此化学纤维的诞生就是必然的结果。从19世纪20年代诞生以来，化学纤维得到了飞速的发展。

1. 再生纤维

再生纤维是由天然高聚物为原料，经过化学处理和机械加工得到的纤维。

（1）黏胶纤维　黏胶纤维是人造纤维的一个主要品种，由含纤维素的棉短绒、木材和芦苇为原料制成。

① 化学成分：主要化学成分是纤维素。

② 形态结构：普通黏胶纤维的纵向有条痕，横截面形状为不规则的锯齿形，有明显不均匀的皮芯结构，皮层较薄。

③ 黏胶纤维的主要性能

a. 手感柔软：黏胶纤维的初始模量较小，手感光滑柔软，悬垂性能很好。

b. 吸湿性好：黏胶纤维具有良好的吸湿性能，比棉、丝的吸湿性都要好。黏胶纤维织物穿着舒适，柔软透气，但是黏胶纤维织物的缩水率较大。

c. 湿强度低：黏胶纤维的湿强度只有干态强度的60％左右，所以黏胶纤维织物在洗涤时不能用力揉搓。

d. 弹性差：黏胶纤维织物易皱，弹性回复性能较差。

（2）富强纤维　富强纤维俗称虎木棉，是一种高湿强度的黏胶纤维，弹性好于普通的黏胶纤维，缩水率比普通黏胶纤维小，成本高于普通的黏胶纤维。

2. 合成纤维

合成纤维是以合成的高聚物为原料经过化学处理和机械加工得到的。

（1）涤纶纤维　涤纶纤维的学名叫聚对苯二甲酸乙二醇酯纤维，简称聚酯纤维。涤纶是我国的商品名称，国外又有称"达柯纶"、"特利纶"、"帝特纶"等。涤纶纤维是当今合成纤维中发展最快、产量最大的化学纤维。

普通涤纶纤维的纵向平滑光洁，均匀、无条痕；横截面一般为圆形。为了使涤纶纤维具有羊毛和蚕丝的优点，常模仿它们的结构特性，在不损伤纤维基本性能的前提下，使纺丝液体通过特定的喷丝孔成型，制成相应截面的异形涤纶纤维，这是物理改性方法之一。异形纤维的断面有三角形、五角形、多叶形、椭圆形、不规则形、圆形中空和异形中空等多种。不同类型的异形纤维具有不同的性能。

涤纶纤维强度高、初始模量高，织物挺括保形性能好。涤纶纤维弹性回复率高，织物不易起皱变形。涤纶纤维耐热性、耐光性很好，有良好的热塑性。涤纶纤维的回潮率很小，吸湿性能很差，穿着不舒服，易产生静电和吸尘，耐酸不耐碱。

（2）腈纶　腈纶纤维的学名叫聚丙烯腈纤维，腈纶是我国的商品名称，国外又有称为"奥纶"、"开司米纶"和"东丽纶"等。腈纶的外观呈白色，卷曲，蓬松，手感柔软，酷似羊毛。故又被称为"合成羊毛"。

腈纶纤维耐光性能最好，具有良好的弹性和耐热性能，耐磨性和吸湿性能差。腈纶纤维对化学药品的稳定性好，耐碱性能较差。

（3）锦纶纤维　锦纶纤维的学名叫聚酰胺纤维，锦纶是我国的商品名称，因最早在我国的辽宁省锦州化工厂试制成功而得名。国外又称"尼龙"、"耐纶"等。

锦纶纤维具有高强度、耐磨性能好、较高弹性、相对密度小的特点。锦纶纤维吸湿性、耐热性、耐光性较差，耐碱不耐酸。

（4）维纶纤维　维纶纤维的学名叫聚乙烯醇缩甲醛纤维，国外又称"维尼纶"、"维纳纶"等。维纶纤维洁白如雪，柔软似棉，因而常被用作天然棉花的代用品，人称"合成棉花"。

维纶纤维的截面为腰圆形，有皮芯结构。维纶纤维是合成纤维中吸湿性能最好的纤维，但维纶纤维的染色性能较差。维纶纤维强度较高，耐磨性较好，弹性较差，化学稳定性和耐腐蚀性好。

（5）氯纶纤维　氯纶纤维的学名叫聚氯乙烯纤维，国外又称"天美龙"、"罗维尔"等。氯纶由于在我国云南省首次试制成功，因而又叫"滇纶"。我们日常生活中接触到的塑料雨披、塑料鞋等都使用这种原料。

（6）丙纶纤维　丙纶纤维的学名叫聚丙烯纤维，国外又称"帕特伦"、"梅拉克纶"等。
丙纶纤维是纺织纤维中最轻的品种，比水还轻。强度、弹性和涤纶相近，化学稳定性好。丙纶纤维的吸湿性和染色性很差，几乎不吸湿。丙纶纤维的耐热性和耐光性差，容易老化。

（7）氨纶纤维　氨纶纤维的学名叫聚氨酯弹性纤维，国外又称"莱克拉"、"斯潘特克斯"、"莱卡"等。它是一种有特别的弹性性能的化学纤维，弹性伸长率可达600%～700%，但仍可恢复原状，吸湿性小，强度低，有良好的耐气候和耐化学品性能。

第四节　新型服装用纤维

一　新型纤维素纤维

1. 彩色棉花

天然彩色棉花简称为"彩棉"，是利用现代生物工程技术培育出来的一种在棉花吐絮时纤维具有天然色彩的新型纺织纤维。目前世界上主要有红色、黄色、绿色、棕色、灰色、紫色六种颜色。天然彩棉质地柔软而富有弹性，加工过程无需染色，制成的服装经洗涤和风吹日晒也不变色，耐穿耐磨，穿着舒适，有利于人体健康。

2. 原竹纤维

原竹纤维是从原竹中提取出的一种纤维素纤维，具有优良的着色性、弹性、悬垂性、耐磨性和抗菌性，特别是吸湿放湿性、透气性居各种纤维之首。

二、新型蛋白质纤维

1. 彩色羊毛

生长过程中就具有颜色的羊毛，是通过对绵羊喂入微量元素改变羊毛的毛色。

2. 彩色兔毛

彩色长毛兔全身统一色泽，有黑、黄、棕、灰等十余种颜色。

3. 彩色蚕丝

彩色蚕丝具有抗真菌、抗氧化、防紫外线三大功能。

三、新型化学纤维

1. 天丝纤维

天丝纤维是一种新型再生纤维素纤维，学名 Lyocell，商品名称 Tencel，我国俗称天丝。它是以针叶树为主要原料，通过采用有机溶剂（NMMO）纺丝工艺制成，其制造过程无任何污染，被称为"21世纪的绿色环保纤维"。天丝纤维性能优异，具有较强的干湿强度，其干强接近于涤纶，湿强仍有干强的85%，纤维手感柔软光滑，具有良好的吸湿性、透湿性，穿着舒适。

2. 莫代尔纤维

莫代尔纤维是目前较为流行的新型再生纤维素纤维，生产原料以天然木浆为主，通过专门的纺丝工艺加工而成。其干强接近于涤纶，湿强比普通黏胶纤维提高很多，是一种能够自然分解，对环境无污染的新型纤维。

3. 大豆纤维

大豆纤维是以榨过油的大豆豆粕为原料，提取出豆粕中的蛋白质，通过助剂与氰基、羟基高聚物接枝、共聚，制成一定浓度的蛋白质纺丝液，经湿法纺丝而成。大豆纤维既具有天然蚕丝的优良性能，又具有合成纤维的机械性能，具有羊绒般的柔软手感，蚕丝般的柔和光泽，棉的保暖性和良好的肤亲功能和优异的抑菌功能等，满足人们穿着舒适性。

4. 玉米纤维

玉米纤维，也称聚乳酸纤维或PLA纤维，其物理性能介于涤纶和锦纶之间，吸湿性略优于涤纶，能很快吸汗并迅速干燥，它能抵抗细菌生长，是一种无臭、无毒、抗菌的纤维。

5. 甲壳素纤维

甲壳素纤维是用虾、蟹及菌类、藻类的细胞中提炼出来的甲壳质和甲壳胺制成的。甲壳素纤维具有抑菌、镇痛、吸湿、止痒等功能。

6. 新型复合合成纤维

复合纤维是指同一纤维截面中存在两种或两种以上的聚合物或者性能不同的同种聚合物。由于构成复合纤维的各组分高聚物的性能差异，使复合纤维具有很多优良的性能。

第五节 纤维鉴别

一 感官鉴别法

感官鉴别法即通过人的感觉器官，眼、耳、鼻、手等，根据织物的不同外观和特点，对织物进行分析和判断。用感官法鉴别面料，首先要对各种纤维材料非常熟悉，掌握不同纤维的特点。如用眼睛看，要熟悉不同的光泽、染色特性、毛羽状况等；用鼻子闻，要掌握不同纤维的气味；用手摸，要能感觉不同纤维的柔软度、光滑度、弹性、冷暖感等；用耳听，要了解丝纤维所特有的丝鸣声。感官鉴别法需要长期的实践经验积累。

用感官鉴别法可区别纤维的大类。天然纤维长度整齐度差，有长有短，而化学纤维的长度是由机械切断得比较整齐，基本上是一个长度。因此，根据长度特征即能区别是天然纤维还是化学纤维。在天然纤维中，棉纤维比较柔软，有各种杂质疵点；麻纤维比较粗硬，纤维长度差异比棉纤维大，短纤维含量也大；羊毛的长度较棉、麻为长，卷曲、柔软而富有弹性；蚕丝的长度比棉、麻、毛长得多，具有特殊的光泽。

二 燃烧法

燃烧法是利用各种纤维的不同化学组成和燃烧特征来粗略鉴别纤维，鉴别时，先将试样慢慢接近火焰，观察其在火焰热带中的反应和在火中的燃烧、离开火焰延烧情况及产生的气味和灰烬。表1-2是几种常见纤维的燃烧性能。

表1-2　几种常见纤维的燃烧性能

纤维名称	燃烧性能	气味	灰烬
棉、麻、黏胶纤维	靠近火焰不缩不熔，接触火焰迅速燃烧，离开火焰继续燃烧	有烧纸的气味	少量灰白色灰烬
毛、蚕丝	靠近火焰收缩不熔，接触火焰即燃烧，离开火焰后缓慢燃烧，有时自行熄灭	有烧毛发、烧焦羽毛味	松而脆的黑灰
涤纶	靠近火焰收缩熔化，接触火焰熔融燃烧，离开火焰继续燃烧	有芳香族的气味	硬的黑色小珠
锦纶	同涤纶	特殊的带有氨的气味	坚硬的褐色小珠
丙纶	同涤纶	沥青或烧蜡气味	透明硬块
腈纶	靠近火焰收缩，接触火焰迅速燃烧，燃烧时有黑烟冒出	特殊的辛辣刺激味	坚硬的黑色球状
维纶	靠近火焰收缩软化，接触火焰燃烧，离开火焰继续燃烧，有黑烟冒出	特殊的气味	黑色块状
氯纶	靠近火焰收缩熔化，接触火焰难燃烧，离开火焰自行熄灭	氯气的刺激性气味	不规则的黑色硬块

（三）显微镜观察法

显微镜观察法是借助显微镜来观察纤维的外观和横截面形态，从而达到识别纤维的目的。这种方法是识别天然纤维的好方法，而化学纤维的外观和截面变化不大，故难以单独用显微镜观察法加以识别。但对混纺织物的定性分析是非常有效的。表1-3为几种常见纤维的纵向和横截面形态特征一览表。在用显微镜观察时，可以进行对照。

表1-3　常见纤维的纵向和横截面形态特征一览表

纤维名称	纵向形态	截面形态
棉纤维	有天然卷曲	腰圆形，有中腔
羊毛	表面有鳞片	圆形或接近圆形，有些有毛髓
桑蚕丝	平滑	有不规则的三角形
苎麻	有横节，竖纹	腰圆形，有中腔及裂缝
亚麻	有横节，竖纹	多角形，中腔较小
黏胶纤维	纵向有沟槽	锯齿形，有皮芯层
维纶	有1～2根沟槽	腰圆形，有皮芯层
腈纶	平滑或有1～2根沟槽	圆形或哑铃形
氯纶	平滑或有1～2根沟槽	接近圆形
涤纶、锦纶、丙纶	平滑	圆形

思考与练习

一、解释名词

1.纤维　2.纺织纤维　3.化学纤维　4.人造纤维　5.合成纤维　6.缩绒性　7.丝光

二、简述纺织纤维的来源分类。

三、简述棉纤维、羊毛纤维、丝纤维、麻纤维的化学组成和形态结构。

四、请从吸湿性和保温性的角度分析麻纤维是理想的夏季面料。

五、请写出涤纶、腈纶、维纶、锦纶、氨纶、氯纶、丙纶的化学名称。

六、根据你的着装经验，列出不同类型服装所用的纤维成分，并评述使用这些纤维成分的原因及优缺点。

七、去服装店调查至少5类15个品种的纤维成分，描述其手感和外观，并且按吊牌标示的纤维成分分析其服用性能，进行小组交流。

第二章　服装用纱线

学习目标

1. 了解纱线的形成过程。

2. 理解纱线的细度、捻度、捻向等结构参数。

3. 了解纱线的品种及分类。

4. 理解纱线的标示。

　　纱线在服装制作和加工过程中，起着基础和桥梁纽带的双重作用，因为纱线既是纺纱厂的最终产品，又是织布厂的原材料，既可以以半成品打包，又可作为成品出售。因此，了解有关纱线的基础知识，掌握纱线的主要品种及其形状，对合理地选择纱线、有效地表达织物和服装的外观特征和表面性质是很重要的。

第一节　服装用纱线概述

一　纱线的定义

　　通常所谓的纱线是纱和线的统称。它们的具体定义：纱是短纤维经过一系列的加工过程所得到的具有一定长度、一定细度、一定强度和一定性质的单根产品；由两根或两根以上的单纱合并而成的物体称为线。纱线中的纤维互相抱合而形成圆形，其排列呈复杂的螺旋线状。

二　纱线的分类

　　纱线的种类很多，分类方法也有多种，具体如下。

1. 按纱的粗细分

　　（1）粗特纱　指32tex及以上的纱线，主要用作织造粗厚织物。
　　（2）中特纱　指21～31tex的纱线，主要用作织造中厚织物。
　　（3）细特纱　指11～20tex的纱线，主要用作织造细薄织物。
　　（4）特细特纱　指10tex及其以下的纱线，主要用作织造高档精细织物。

2. 按纱线的原料分

　　（1）纯纺纱　由单一纤维纺织而成的纱线。
　　（2）混纺纱　由两种或两种以上的纤维纺织而成的纱线。

3. 按纺纱系统分

　　（1）精纺纱　也称精梳纱，是通过精梳工序纺成的纱。纱中纤维平行伸直度高，条干均匀、光洁，但成本较高、纱支较高。
　　（2）粗纺纱　也称粗梳纱，是指按一般的纺纱系统进行梳理，不经过精梳工序纺成的纱。纱中短纤维含量较多，纤维平行伸直度差，结构松散、毛茸多、纱支较低、品质较差。
　　（3）废纺纱　用纺织下脚料或混入低级原料纺成的纱。纱线品种差、松软、条干不匀、含杂多、色泽差（注：毛纱中没有废纺纱）。

4. 按染整加工分

（1）原色纱　不经染整加工而保持纤维原有颜色的纱。
（2）漂白纱　经过练漂加工的白色纱。
（3）染色纱　经过染色加工的色纱。
（4）色纺纱　纤维先经染色后再纺成的纱。
（5）丝光纱　经过丝光处理的纱。

5. 按纱线的外形结构分

（1）单纱　由纤维纺成的一根纱。
（2）股线　将两根或两根以上的单纱，经捻线机捻合而成的股线。
（3）花饰线　由两根、三根以至四根单纱通过花饰捻线机加工而成的线，如结子线、断丝线、包芯纱等。花饰纱线如图2-1所示。

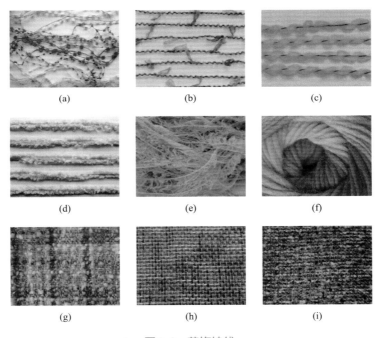

(a)　　　　　　　(b)　　　　　　　(c)

(d)　　　　　　　(e)　　　　　　　(f)

(g)　　　　　　　(h)　　　　　　　(i)

▲　图2-1　花饰纱线

（4）变形纱　利用合成纤维的热塑性特点，将化纤原纤经过变形加工使之具有卷曲、螺旋、环圈等外观特征，呈现蓬松性、伸缩性的长丝纱。

6. 按用途分

（1）机织用纱　织造机织物所用的纱线，可分为经纱和纬纱两种。经纱用作织物纵向纱线，具有捻度较大、强度较高、耐磨性较好的特点；纬纱用作织物横行纱线，具有捻度较小，强度较低，柔软的特点。

（2）针织用纱　织造针织物所用的纱线。纱线质量要求较高，捻度较小，强度适中。

（3）其他用纱　包括缝纫线、花边线和绣花线等，根据用途不同，对这些纱的要求是不同的。

第二节　服装用纱线的结构

一　细度

纱线的细度是指纱线的粗细程度，可以理解为纱线的横截面积的大小，也可以理解为纱线直径的大小，但这两个指标在实际测量上都是有困难的。因此在工业生产中用间接方法表示纱线的平均细度。

纱线细度的表示方法有定长制与定重制两种。定长制是在公定回潮率的条件下，用规定长度的纱线重量来表示其细度。定重制是在公定回潮率的条件下，用规定重量的纱线长度来表示其细度。前者数值越大，表示纱线越粗，包括特克斯数和旦尼尔数；后者数值越大，纱线越细，包括公制支数和英制支数。

1. 特克斯数N_t（号数）

1000m长的纱线在公定回潮率时具有的质量（g），称为特克斯数（简称特数）。即

$$N_t=1000G_k/L$$

式中　N_t——纱线的特数；

　　　G_k——纱线的标准重量，g；

　　　L——纱线的长度，m。

2. 纤度D（旦尼尔）

9000m长的纱线在公定回潮率时的质量（g）称为纤度，即

$$D=9000G_k/L$$

式中　D——纱线的旦数；

　　　G_k——纱线的标准重量，g；

　　　L——纱线的长度，m。

3. 英制支数

在公定回潮率时1lb（磅，1lb=0.53592m）的纱线，其长度有多少个840yd（码，1yd=0.9144m）就称其细度为多少支。即

$$N_e=L_e/（840\times G_e）$$

式中　N_e——纱线的英制支数；
　　　G_e——纱线的标准重量，lb；
　　　L_e——纱线的长度，yd。

4. 公制支数

在公定回潮率时，1g纱线所具有的长度（m），叫公制支数。即

$$N_m=L/G_k$$

式中　N_m——纱线的公制支数；
　　　G_k——纱线的标准重量，g；
　　　L——纱线的长度，m。

纱线细度不仅影响服装材料的厚薄、重量，而且对其外观风格和服用性能也构成一定的影响。纱线越细，其织造的服装材料越轻薄，织物手感越滑爽，加工的服装重量越轻便，反之亦然。纺高支纱、织轻薄面料是近年来服装材料的一个发展趋势，如高支精梳棉衬衫、高档轻薄羊毛面料等已逐渐成为服装精品。

5. 细度指标之间的换算

各种细度指标之间的换算原则是长度不变、标准重量不变。换算关系如表2-1所示。

表2-1　细度指标换算关系表

代号		Tex	D	N_e	N_m
公定回潮率/%		8.5	8.5	9.89	8.5
计量单位		g/1000m	g/9000m	840yd/lb	m/g
定长制	Tex	1 Tex	0.1111D	583/N_e	1000/N_m
	D	9 Tex	1D	5247/N_e	9000/N_m
定重制	Ne	583/Tex	5247/D	1N_e	0.583/N_m
	Nm	1000/Tex	9000/D	1.715N_e	1N_m

二 捻度与捻向

1. 纱线的捻度

加捻是纺纱的目的之一，加捻的多少则是衡量纱线性能的重要指标，一般用捻度表示。捻度是指纱线单位长度内的捻回数（即螺旋圈数）。单位长度随纱线的种类变化而取值不同，其计量单位可表示为"捻/10cm"或"捻/m"，前者用于棉及棉型化纤纱线，后者用于精梳毛纱及化纤长丝纱的捻度计量。捻度影响着纱线的强度、刚柔性、弹性等指标。随着纱线捻度的增加，其强力是增大的，但当捻度增加到一定的数值后，强度随捻度的增加反而会下降，这一定值称为纱线的临界捻度。

2. 纱线的捻向

纱线的捻向是指纤维在纱线中的倾斜方向。捻向可分为Z捻和S捻两种，若单纱中的纤维在加捻后，其倾斜方向自下而上，从右至左的叫S捻，也称为顺手捻或右捻；若倾斜方向自下而上，从左至右的叫Z捻，也称为反手捻或左捻。捻向的表示方法是有规定的，单纱可

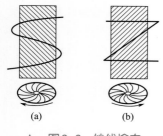

▲ 图2-2 纱线捻向

表示为：Z捻或S捻，实际应用中单纱多以Z捻出现；股线则因其捻向可与单纱捻向相同或相反，须将二者的捻向均加以表示，故可写成：第一个字母表示单纱的捻向，第二个字母表示股线的捻向；经过两次加捻的股线，第三个字母表示复捻捻向。例如单纱为Z捻，初捻为S捻，复捻为Z捻的股线，其捻向表示为ZSZ捻。事实上，股线捻向与单纱捻向相反时对纱线强力、光泽、手感等较好，因此，实际使用中股线以S捻居多。捻向如图2-2所示。

第三节　纱线的标示

一 纱线品种

纱线的品种很多，每种纱线都有一个名称，纱线品种名称的含义包括原料、生产过程、细度及用途等项，其一般排列顺序为：原料＋生产过程＋细度＋用途。

二 纱线的代号

1. 常用纱线原料的代号

纱线原料的代号标志规定如下：在纯纺纱线中，纯棉纱线可以不写代号，其余都用各纤维代号表示；在混纺纱线中，含量大的纤维其代号写在前面，含量小的纤维其代号写在后面，例如，65%涤纶和35%棉纤维的混纺纱，则可写成T/C65/35。在纱线中，两种纤维含量一样时，天然纤维代号写在前面，化学纤维代号写在后面，例如，50%棉纤维和50%维纶的混纺纱，则写作C/V50/50。

2. 纱线生产过程和后加工代号

精梳纱线的代号为"J"；普梳纱线不写代号。绞纱线的代号为"R"；筒子纱线的代号为"D"；烧毛纱线的代号为"G"。

3. 纱线细度的代号表示方法

纱线细度一般用特数和英制支数来表示。

（1）纱的表示方法　公制号数一般不用代号表示，例如，28特纱用"28"来表示。英制支数用字母"S"来表示，例如，21支纱用21^s来表示。

（2）线的表示法　在公制特数中，若线中单纱特数相同时，以组成股线的单纱特数乘股数来表示，例如，"14×2"表示由2根14特单纱合成的双股线；若线中单纱的特数不同时，以单纱的特数相加来表示，例如，"16+18"表示由16和18特单纱各一根合并成的双股线。在英制支数中，若线中单纱支数相同时，以组成线的单纱的支数除以股数表示，例如，"$42/2^s$"表示由2根42^s单纱并合成的双股线；若线中单纱支数不同时，以单纱支数并排写在括号内除以股数来表示，例如，"（28.32.40）/3^s"表示由28^s、32^s、40^s单纱各一根合并而成三股线。

4. 纱线的用途代号

针织用纱的代号为"K"，机织经纱的代号为"T"，机织纬纱的代号为"W"。

5. 纱线品种总代号表示法

将各种代号按品种含义顺序排列起来，就组成了纱线品种的总代号。例如：涤纶65%、棉35%、精梳筒子14特双股线，作经纱用，则以"T/C65/35JD14×2T"来表示。

第四节　编织线

　　编织线，即俗称的"毛线"、"绒线"，是以动物纤维或化学纤维为原料，经纺纱和染整加工而成，纺制毛线用的动物纤维有绵羊毛、山羊毛、马海毛、兔毛、驼毛等；纺制毛线用的化学纤维主要有腈纶纤维，也有用黏胶纤维，还有少量涤纶纤维和锦纶纤维。编织线手感柔软、蓬松，富有弹性、颜色多样、粗细有别，既可以用作手工编织，又可以作机器编织。其产品风格各异，拆洗方便，得到广大编织爱好者的青睐。

一　毛线的分类与特点

　　毛线的品种丰富，分类方法很多。

1.　按毛线的粗细分

　　（1）粗绒线　合股支数在2.5支以下的四合股绒线。其保暖性好，适宜编织粗犷风格的男女毛衫。
　　（2）细绒线　合股支数在2.5～6支的三合股或四合股绒线。其条干均匀度好，轻柔，适宜编织各类绒线服装。
　　（3）针织绒线　合股支数在6支以上的二合股绒线。其条干均匀度好，弹性大，适宜编织各类针织服装。

2.　按原料分

　　（1）纯毛绒线　以100%羊毛制成的绒线。其手感柔软舒适、颜色多样，但色泽较暗，适宜编织寒冷季节的保暖服装。
　　（2）腈纶绒线　以100%腈纶纤维制成的普通绒线或膨体绒线。其色泽鲜艳、手感蓬松、质量轻软，是很好的配饰品编织材料，如手套、帽子等。
　　（3）混纺绒线　采用羊毛与化纤或不同化纤间按一定比例混合制成的绒线。具有混纺各纤维的性能，价格适中，是理想的大众消费产品。其种类很多，有毛/腈混纺、毛/黏混纺、兔/腈混纺、腈/涤混纺等。

3.　按绒线的品质分

　　（1）高级粗绒线　以优良的二级以上的羊毛制得的纯毛或混纺绒线。其手感柔软、蓬松，纱条圆顺、有弹性，适宜编织较厚实的高档毛衫。

（2）中级粗绒线　以二级至四级的羊毛制得的纯毛或混纺绒线。其品质稍差于高级粗绒线，适宜编织普通毛衫，用途较广。

 二　毛线的品号

毛线的品号是由产品分类代号、原类别名称、花式类别或产品特征以及按股数、支数区分的产品类别名称组成。混纺产品中有动物和化学纤维时，则以动物纤维和比例大的原料放在前面。

品号由四位数组成：首位数表示产品类别，见表2-2所示；第二位数表示使用的原料，见表2-3所示。

表2-2　绒线产品分类代号

产品分类	代号	备注
精梳绒线	0	
粗梳绒线	1	
精梳针织绒线	2	
粗梳针织绒线	3	通常可省略
试制品	5	
花式绒线	H	

表2-3　绒线原料代号

原料类别	代号	备注
山羊绒、山羊绒及其他纤维混纺	0	
纯国产羊毛	1	
纯进口羊毛	2	
进口羊毛与黏纤混纺	3	
黏胶纤维	4	
国产羊毛与黏胶纤维混纺	5	驼毛、兔毛等
进口羊毛与腈纶纤维混纺	6	
国产羊毛与腈纶纤维混纺	7	
腈纶纤维与其他纤维混纺	8	
其他动物纤维的纯纺与混纺	9	

细毛线（合股支数为2.5～6公支内）和针织毛线（合股支数为6公支及6公支以上）：第三位数为单纱公制支数的十位数，第四位数为单纱公制支数的个位数字；粗毛线（合股支数为2.5及2.5公支以上）：第三位数是单纱公制支数的个位数，第四位数是公制支数的小数。

例如："275纯毛中粗毛线"，因最前面的一位"0"已省略，实为"0275"，表示精梳毛线、进口纯羊毛、单纱支数为7.5公支、中级羊毛纺成的粗毛线。又如"2626毛腈混纺针织毛线"，表示精梳针织、外毛与腈纶混纺、单纱公制支数为26公支，2股合并而成的针织毛线。又如"3016/1山羊绒针织毛线"，表示粗梳针织、山羊绒、单股16公支的毛线。

思考与练习

一、解释名词

1.纱 2.股线 3.纯纺纱 4.混纺纱 5.回潮率 6.捻度 7.捻向

8.特克斯数 9.旦尼尔数 10.公制支数 11.英制支数 12.蠕变

13.急弹性形变 14.缓弹性形变 15.塑性变形

二、写出下列纱线的区别

1.单纱与股线 2.纯纺纱与混纺纱 3.粗梳纱与精梳纱 4.涤棉纱与棉涤纱

三、计算题

1.现有500m长的棉纱一段，称得质量为50.69g，测得回潮率为10%，求该段纱线的特克斯数。

2.现有5000m涤棉黏T/R/C50/33/17三合一混纺纱称得质量为104.4g，测得回潮率为5%，求该纱特数。

四、简述混纺纱线的命名规则。

第三章　服装用织物

学习目标

1. 了解织物的形成方法和织物的分类。

2. 理解机织物组织及其相关概念，掌握织物组织与织物性能之间的关系。

3. 理解针织物组织的相关概念。

4. 了解非织造织物的相关概念。

5. 正确理解服装用织物的性能。

第一节　服装用织物概述

一　织物的概念及分类

1. 织物概念

织物是由纺织纤维或纱线按一定的规律构成的具有一定几何尺寸和一定力学性能的片状物。

2. 织物的分类

（1）按照加工方式的不同分类

① 机（梭）织物。是由相互垂直的两个系统的纱线在织机上交织而成，其中平行于织物长度方向的纱线称为经纱，平行于宽度方向的纱线称为纬纱，如图3-1和图3-2所示。机织物经纬向异性明显。机织物结构稳定，布面平整，尺寸稳定性好，易于裁剪加工，是常用的服装用材料。

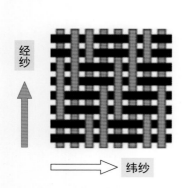

▲ 图3-1　机织物结构示意图

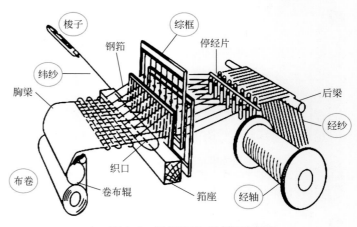

▲ 图3-2　机织物形成过程示意图

② 针织物。针织物是由纱线通过针织机有规律地运动而形成线圈，线圈和线圈之间相互串套起来而形成织物。因此，针织物质地松软，具有良好的抗皱性和弹性及透气性和延伸性，但其尺寸难以控制，适宜做内衣、紧身衣和运动服等，针织物在改变结构和尺寸稳定性后，同样可以做外衣使用。

③ 非织造布。非织造布是指以纺织纤维为原料经过黏合、融合或其他化学、机械方法

加工而成纺织品。这种纺织品不经过传统的纺纱、机织和针织工艺过程，也称无纺布。主要用于辅料的使用。

（2）按构成织物的原料分类

① 纯纺织物。纯纺织物是指由纯纺纱织成的织物，如棉织物、麻织物、毛织物、丝织物、化纤织物等。其外观和性能由本身纤维原料决定。

② 混纺织物。混纺织物是指由混纺纱织成的织物。其外观和性能由组成混纺纱的纤维类别及比例来共同决定。

③ 交织物。经纬纱分别用不同纤维或不同类型的纱线交织而成的织物，如麻棉交织、丝毛交织等。

（3）按照构成织物的纱线分类

① 纱织物。织物的经纬纱均用单纱织成的织物。此类织物比较柔软、轻薄。

② 全线织物。织物的经纬纱均用股线织成的织物。全线织物比纱织物厚实、硬挺。

③ 半线织物。经纱用股线，纬纱用单纱织成的织物。此类织物的特点是经向强度高，性能特点介于单纱与股线之间。

④ 长丝织物。织物由天然长丝或化纤长丝织成的织物。此类织物的特点是较短纤维织物光亮、柔软、光滑。

⑤ 花式线织物。用不同形状、色彩和结构的花色纱线织成的织物。此类织物的特点是花纹随意，织物层次丰富，布面肌理感强，风格多种多样。

（4）按照织物印染或加工分类

① 原色布。亦称"坯布"，是指为经过印染加工而保持原来色泽的织物。原色布可以直接市销，但大多数用于印染加工使用。

② 漂白布。坯布经过漂白加工处理后得到的布。一般为印染加工做准备，也可以直接使用。

③ 染色布。原色布经过染色工序染成单一颜色的织物。

④ 印花布。经过印花工序使织物表面具有花纹图案的织物。

⑤ 色织布。将纱线先染色后织布的织物。可织造具有条格类外观的织物。

⑥ 烂花布。经化学处理使布面得到部分腐蚀而呈现花纹图案的布。

⑦ 轧花布。经机械作用在织物上压出花纹图案的布。

⑧ 起毛起绒布。利用机械作用，使织物表面起毛起绒的布。

二 织物的主要物理指标

1. 机织物的物理指标

（1）密度与紧度　机织物密度是指单位长度内经纱和纬纱的排列根数，也即纱线排列的紧密程度，它包括经密和纬密。经密是指织物沿纬向单位长度内经纱的排列根数。纬密是指织物沿经向单位长度内纬纱的排列根数。单位长度一般指10cm。密度的标识是在经密和纬密之间用"×"表示，如经密为230根/10cm，纬密为210根/10cm，那么该织物的密度用230×210表示。如果把纱线的线密度和密度同时表示出来，可写成32×30×230×210。第一个数字32表示经纱的线密度是32tex，第二个数字30表示纬纱的线密度是30tex，第三个数字230表示经密是230根/10cm，第四个数字210表示纬密是210根/10cm。

一般情况下，密度大则织物质量增加，比较坚牢，手感也较硬，透水性和透气性下降。密度小则织物稀、薄、软。如果织物的密度过大，做成的衣服的折叠处易磨损断裂，而且容易造成染料染不透的情况，在使用时容易出现"磨白"现象。一般经密大于纬密。

当织物中纱线的粗细不同时，单纯的密度度量不能完全反映织物中纱线的紧密程度。必须同时考虑经纬纱线的细度和密度，可采用织物的相对密度，即紧度来表示，织物的总紧度是指织物中纱线的投影面积与织物的全面积之比。

（2）质量　机织物的质量是指在公定回潮率时，单位面积的质量，以g/m²为计量单位。一般棉织物的质量在70～250g/m²，精纺呢绒的质量在130～350g/m²，粗纺呢绒的质量在300～840g/m²，薄型丝织物的质量在20～100g/m²。其中，质量在195g/m²以下的属于薄型织物，95～315g/m²的属于中厚型织物，315g/m²以上的属于厚型织物。

（3）厚度　厚度是织物在一定的压力下，织物正反面之间的距离，通常用mm来表示。织物的厚度与纤维的粗细及纱线的卷曲程度有关。织物的厚度对织物的风格、保温性、透气性、悬垂性、弹性、刚柔性等都有影响。

（4）幅宽　幅宽是指织物横向最外边两根完整经纱之间的距离，通常用cm来表示。织物的幅宽为中幅、宽幅和超宽幅三大类。

近年来，宽幅织物的需求量在不断增大，同时随着无梭织机的出现，织物的最大幅宽可达300cm以上，幅宽在95cm以下的织物逐渐被淘汰。

（5）匹长　匹长是指每匹布的长度，即机织物的两端最外边的两根完整纬纱之间的距离，通常用m来表示。棉织物的匹长一般为30～40m；精纺呢绒的匹长为50～70m；粗纺呢绒的匹长为30～40m；长毛绒和驼绒的匹长为25～35m；丝织物的匹长为20～50m；麻类夏布的匹长为16～35m。

2. 针织物的物理性能指标

（1）重量　针织物可以根据厚薄程度与用途，分档规定每平方米干重的范围，如汗布100～136g/m²，经编外衣布为150～260g/m²。

（2）幅宽　经编针织物成品幅宽随产品品种和组织而定，一般为150～180cm；纬编针织物成品的幅宽主要与加工用的针织机风格、纱线和组织结构等因素有关，约为40～50cm。人造毛皮针织布的幅宽常见的是125cm。

（3）匹长　针织物的匹长由工厂的具体条件而定，主要考虑原料、织物品种和针织物染整方法等要素。

（4）线圈长度　线圈长度是指针织物上每个线圈的纱线长度，单位是mm。线圈长度影响着针织物的密度和性能。

（5）密度　针织物的横向密度是指沿线圈横列方向5cm长度具有的线圈纵行数；纵向密度是指沿线圈纵行方向5cm长度具有的线圈横列数；总密度是指5cm×5cm内的线圈数，等于横密和纵密的乘积。

（6）未充满系数　未充满系数是指线圈长度与纱线直径的比值，反映相同密度条件下纱线粗细对针织物疏密的影响。

3. 非织造织物的物理指标

（1）平方米重　非织造织物的平方米重是以每平方米克重来计量。

（2）厚度　非织造织物的厚度是指在承受规定压力下织物两表面间的距离，单位是mm。

（3）密度　密度是指非织造织物的质量与体积的比值，单位是g/cm^3。

第二节　织物组织结构

织物组织结构是织物形成的基本原理，影响着织物的外观性能、耐用性能、舒适性能和保养性能。从织物构成方式的角度，织物组织结构通常包括机织物组织结构、针织物组织结构和非织造织物组织结构。

一　机织物组织结构

1. 机织物组织结构的基本概念

机织物是由两个不同系统的纱线即经纱与纬纱交织而成的片状集合体。机织物中经纬纱线相互交织彼此沉浮的规律，称为机织物的织物组织。图3-3表示了三种不同的交织规律。

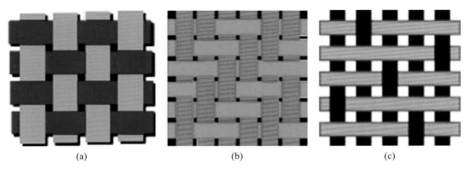

(a)　　　　　　　　　　　(b)　　　　　　　　　　　(c)

▲　图3-3　机织物的组织

机织物组织的基本参数如下。

（1）组织点与组织循环　机织物中经纬纱交错的点称之为组织点，交错处经纱浮在纬纱

▲ 图3-4 组织点

注：★表示纬组织点，⬤表示经组织点。

之上的点称为经组织点，又称经浮点；交错处纬纱浮在经纱之上的点，称为纬组织点，又称纬浮点，如图3-4所示。

（2）完全组织 当经纬组织点的交织规律达到一个循环时所构成的单元，这个单元称为一个完全组织，或称为一个组织循环。在一个完全组织中所有的经纱根数，称为经纱循环，用R_j表示；在一个完全组织中所有的纬纱根数，称为纬纱循环，用R_w表示。

为了使织物的组织能够清楚、简便地表达出来，通常用组织图来描绘，用黑色方格表示经组织点，用白色方格表示纬组织点。绘制组织图时，只需绘出一个组织循环即可。

在一个组织循环中，经纬组织点数相同的称为同面组织，经组织点数多于纬组织点数为经面组织，纬组织点数多于经组织点数为纬面组织，如图3-5所示。

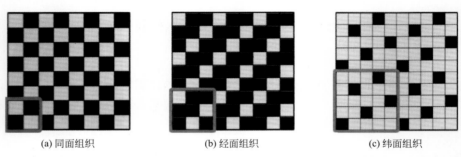

(a) 同面组织 (b) 经面组织 (c) 纬面组织

▲ 图3-5 组织循环与同面组织、经面组织、纬面组织

浮长是指一个系统的纱线浮在另一个系统纱线上的长度，分为经浮长和纬浮长。如图3-6所示。

（3）组织点飞数 在一个完全组织中，同一系统中相邻两根纱线上对应的组织点之间所间隔的纱线根数，用S表示；在一个完全组织中，相邻两根经纱上对应的组织点所间隔的纬纱根数叫经向飞数，用S_j表示，在一个完全组织中，相邻两根纬纱上对应的组织点所间隔的经纱根数叫纬向飞数，用S_w表示。

如图3-7所示，图（a）中在两根相邻经纱方向上，经组织点B对经组织点A的经向飞数为3，图（b）中在两根相邻纬纱上，经组织点B对经组织点A的纬向飞数为2。在经面组织中，用经向飞数表示，在纬面组织中，用纬向飞数表示。在完全组织中，组织点飞数为常

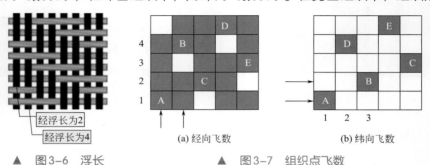

经浮长为2
经浮长为4

▲ 图3-6 浮长

(a) 经向飞数 (b) 纬向飞数

▲ 图3-7 组织点飞数

数的织物组织为规则组织，组织点飞数为变数的则成为不规则组织。图中数字是标注的经纬纱线次序。

飞数除大小不同和其数量是常数或变数之外，还与起数的方向有关。图3-8所示为任意一个组织点B对组织点A的飞数起数方向。理论上，可将飞数看做一个向量。对于经纱方向来说，飞数向上数为正，向下数为负；对于纬纱方向来说，飞数向右数为正，向左数为负。

R_j、R_w、S_j、S_w构成一个织物的组织参数。这四个组织参数可以完整、全面表示织物中经纬纱之间的交错规律。

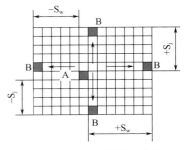

▲ 图3-8 飞数的方向性

2. 机织物的原组织

原组织是机织物组织中最简单、最基本的组织，其他组织都是在原组织的基础上变化发展而得到的。原组织的一个组织循环中，经纱循环跟纬纱循环相等，组织点飞数是常数，每根纱线上均有一个单独的组织点。原组织包括平纹组织、斜纹组织、缎纹组织三类，简称"三原组织"。

（1）平纹组织　平纹组织是机织物组织中最简单的一种。它由两根经纱和两根纬纱组成一个组织循环，经纱和纬纱每隔一根纱线交织一次，图3-9为平纹组织图，其中（a）为平纹织物的交织示意图；（b）为组织图。

平纹的组织参数：$R_j=R_w=2$，$S_j=S_w=1$。

平纹的表示方法：用分式1/1表示，分子表示经组织点，分母表示纬组织点，又称为一上一下平纹组织。

平纹组织及平纹织物特点：平纹组织的经纬纱每间隔一根纱线就进行一次交织，纱线在织物中的交织最频繁，屈曲最多。平纹织物正反面外观效应相同，又称为同面组织，表面平整，织物组织紧密，质地坚牢。

应用：平纹组织的应用十分广泛，如棉织物中的平布、细布、府绸；毛织物中的派力司、凡立丁、法兰绒等；丝织物中的纺类，塔夫绸；麻织物中的夏布等均为平纹组织织物。

（2）斜纹组织　斜纹组织的组织图中相邻纱线上的组织点排列成斜线，在织物表面呈连续的斜向织纹。图3-10表示的斜纹组织图，其中（a）表示经纬纱交织示意图；（b）表示组织图。

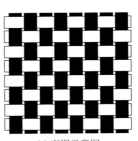
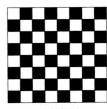

(a) 交织示意图　　　　(b) 组织图

▲ 图3-9 平纹组织

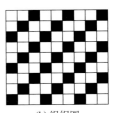

(a) 交织示意图　　　　(b) 组织图

▲ 图3-10 斜纹组织（1）

(a) 交织示意图   (b) 组织图

▲ 图3-11　斜纹组织（2）

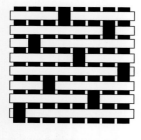 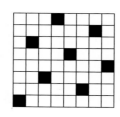

(a) 交织示意图   (b) 组织图

▲ 图3-12　缎纹组织

斜纹的组织参数：构成斜纹的组织循环至少要有三根经纱与纬纱，因此$R_j = R_w \geqslant 3$。斜纹是有方向的，分为右斜纹和左斜纹，由左下方指向右上方的斜纹组织为右斜纹，用"↗"表示；由右下方指向左上方的斜纹组织为左斜纹，用"↖"表示。因此$S_j = S_w = \pm 1$，"1"表示右斜纹，"−1"表示左斜纹。

表示方法：斜纹也用分式表示，分子表示经组织点，分母表示纬组织点，箭头表示斜纹方向。图3-11就表示一个2/1↗的斜纹组织图。

特点：斜纹组织的组织循环数比平纹大，浮长线大于平纹组织，因此斜纹织物的坚牢度不如平纹织物，但手感比较柔软，厚实，密度大，光泽好于平纹。

应用：斜纹组织的应用也十分广泛，如棉织物中的斜纹、卡其、哔叽、华达呢；毛织物中的哔叽、华达呢；丝织物中的绫类、羽纱、美丽绸等。

（3）缎纹组织　缎纹组织是原组织中最复杂的一种组织，它的最大特点是在布面上形成单独的互不连续的组织点。图3-12表示的缎纹组织图，其中（a）表示经纬纱交织示意图，（b）表示组织图。

缎纹的组织参数：R ≥ 5（6除外）；
1 < S < R−1；
S与R互为质数。

表示方法：缎纹也用分式表示，分子表示组织循环纱线数，一般表示为几枚，分母表示飞数，通常表示为几枚几飞。缎纹有经面缎纹和纬面缎纹两种，经面缎纹，即由经纱构成的缎纹；纬面缎纹，即由纬纱构成的缎纹。

特点：缎纹组织的织物浮线较长，富有光泽，表面光滑匀整，质地柔软，光泽最好，但坚牢度比平纹斜纹差。

应用：缎纹组织在棉织物中有横贡缎、直贡缎；毛织物中有直贡呢、马裤呢、驼丝锦等；丝织物中有素缎、花软缎、织锦缎等。

3. 机织物的变化组织

变化组织是以原组织为基础加以变化而获得的组织。包括平纹变化组织、斜纹变化组织和缎纹变化组织。

（1）平纹变化组织

① 重平组织。以平纹组织为基础，沿经向或纬向延长组织点的方法而形成。沿经向延长而得到的变化组织为经重平；沿纬向延长而得到的变化组织为纬重平。如图3-13所示，（a）表示经重平，（b）表示纬重平。

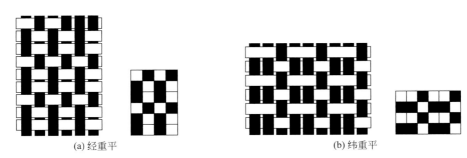

(a) 经重平　　　　　　　　　　　(b) 纬重平

▲　图3-13　重平组织

重平组织的织物外观与平纹织物不同，其表面呈现凸条文。经重平表面呈现横凸条纹；纬重平呈现纵凸条纹。重平组织一般织制色织物中的凸条纹织物，如棉织物中的麻纱织物；各种织物的边组织或毛巾织物的地组织。

② 方平组织。以平纹组织为基础，沿着经纬两个方向同时延长组织点而得到的组织。如图3-14所示。

方平组织的织物外观效应如麻织物，可以织制仿麻织物。织物外观较为平整，表面光泽较好。

（2）斜纹变化组织

① 加强斜纹组织。以原组织斜纹为基础，在其经纬组织点旁延长组织点而形成，如图3-15所示。

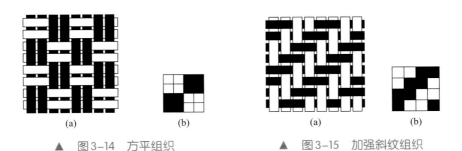

(a)　　　　　　(b)　　　　　　　　(a)　　　　　　(b)

▲　图3-14　方平组织　　　　　▲　图3-15　加强斜纹组织

加强斜纹具有原组织斜纹的特点，常用于织制2/2 ↗的华达呢、哔叽、卡其等。

② 复合斜纹组织。通过改变组织点数量而得到宽窄不同的斜向纹路，如图3-16所示。

③ 山形斜纹组织。利用左斜纹和右斜纹在织物表面构成像山一样的图形，如图3-17所示。山形斜纹常用于棉织物中

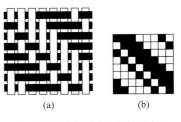

(a)　　　　　　(b)

▲　图3-16　复合斜纹组织

的人字呢、男线呢、床单布；毛织物及混纺织物中的大衣呢、女士呢等。

④ 破斜纹。利用左斜纹和右斜纹构成，在右斜纹和左斜纹的交界处组织点相反，并有一个明显的界限。破斜纹具有清晰的人字效应，一般用于棉织物中的线呢、床单布等。

（3）缎纹变化组织　以缎纹组织为基础可演变出许多缎纹变化组织。如在经纬组织点旁添加组织点而构成的加强缎纹组织，如图3-18（a）所示；在一个组织循环中采用不同的飞数而构成的变则缎纹，如图3-18（b）所示。

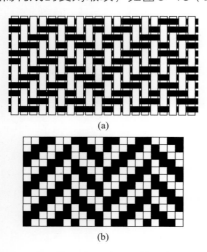

(a)

(b)

▲ 图3-17　山形斜纹组织

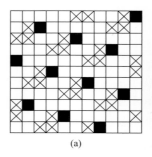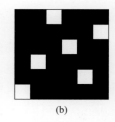

(a)

(b)

▲ 图3-18　缎纹变化组织

二 针织物组织

针织物是织物的主要类型之一，它与机织物的不同在于它不是由经纬两组纱线垂直交织而成，而是由纱线构成的线圈互相串套而成。因此针织物与机织物有很大的差异，由于针织这种结构的特点，使它具有良好的延伸性、弹性、柔软性、通透性、保暖性、吸湿性等。但同时又有易脱散、卷曲和易起毛起球的缺点。

针织物按生产方式分，可分为经编针织物和纬编针织物两大类。

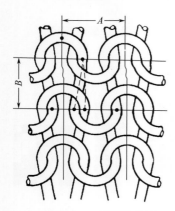

▲ 图3-19　针织物线圈

线圈按照经向配置串套而成的针织物为经编针织物。

线圈按照纬向配置串套而成的针织物为纬编针织物。

线圈互相串套的规律即针织物组织，有原组织、变化组织、花式组织和复合组织四类，其中原组织是基础，其他组织由它变化而来，原组织包括纬编针织物中的纬平针组织、罗纹组织和双反面组织；经编针织物中的经平组织、经缎组织。

先介绍几个有关的专用名词。

线圈：针织物的基本构成单元，它由圈柱、延展线和圈弧组成，如图3-19所示。

线圈横列：在针织物中，线圈横向连接的行列。

线圈纵行：在针织物中，线圈纵向串套的行列。

圈距：在线圈横列方向上，两个相邻线圈对应点之间的距离，即图3-19中A。

圈高：在线圈纵行方向上，两个相邻线圈对应点之间的距离，即图3-19中B。

针织物正面：线圈圈柱覆盖圈弧的一面。

针织物反面：线圈圈弧覆盖圈柱的一面。

1. 纬编针织物

（1）纬平针组织　由连续的单元线圈按照同一方向串套而成的针织物组织，是纬编针织物最简单的组织，如图3-20所示。

织物特点如下。

① 织物正面平坦均匀并成纵向条纹的外观，反面为横向的圆弧。反面光泽暗于正面。

② 织物易脱散，且易卷边。

③ 纵横向有较好的延伸性，横向延伸性大。

应用：汗衫类服装、羊毛衫衣片、袜子等。

（2）罗纹组织　由正面线圈纵行与反面线圈纵行按照一定规律交替配置而成的针织物组织，如图3-21所示。

表示方法：一般以数字表示罗纹针织物的组织结构，图3-21为1+1罗纹组织，也可以是2+2，3+3等，第一个数字表示正面线圈纵行数，第二个数字表示反面线圈纵行数。

织物特点如下。

① 无卷边形。

② 横向具有极高的弹性和延伸性，密度越大，弹性越好。

应用：弹力衫、棉毛衫裤、羊毛衫或袖口、领口、裤口、袜口等。

（3）双反面组织　由正面线圈横列与反面线圈横列按照一定规律交替配置而成的针织物组织，如图3-22所示。

织物特点如下。

① 织物两面外观都与纬平针织物的反面相同，故称双反面。

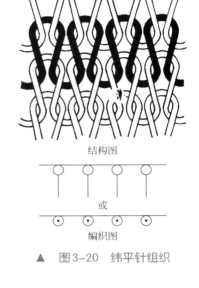

结构图

或

编织图

▲　图3-20　纬平针组织

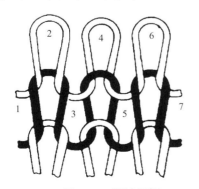

▲　图3-21　罗纹组织

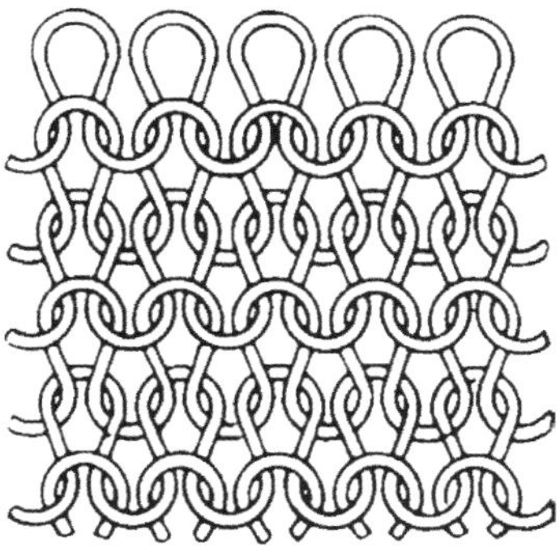

▲　图3-22　双反面组织

② 纵横向有很大的弹性和延伸性，纵向的延伸性好于横向。

③ 不卷边，但易脱散。

应用：婴儿衣物、手套、袜子、羊毛衫等。

2. 经编针织物

（1）经平组织　经平组织是每根纱线轮流在相邻两枚织针上垫纱成圈的经编组织，即同一根经纱所形成的线圈轮流配置在两个相邻线圈纵行中。两面都呈现菱形网眼的外观，纵横向有一定的延伸性能。主要用于T恤、汗衫、背心等。

（2）经缎组织　每根经纱顺序地在相邻纵行内构成线圈，并且在一个完全组织中有半数的横列线圈向一个方向倾斜，而另外半数的横列线圈向另一方向倾斜，逐步在织物表面形成横条纹效果。经缎组织织物延伸性较好，比经平组织织物厚实，常作为拉绒织物的组织。

第三节　织物的服用和加工性能

在了解纤维、纱线的性能及织物组织后，还需要进一步了解织物的服用及加工性能，以便合理地选择面料，使设计加工的服装更好地满足人们的需求。

概括起来，织物的服用性能有以下几个方面，即耐用性、外观性和舒适性。这三方面的性能除了来自原料纤维的特性外，还与纱线的结构、织物的结构及织物的后整理有关。

一　织物的耐用性能

服装在穿着和保管过程中，会受到各种各样的理化损伤，服装用织物抵御这种破坏的能力称为耐用性。主要包括织物的拉伸、撕裂、顶裂、燃烧和熔孔、耐磨、耐热、耐光和耐酸碱的性能。

1. 织物的拉伸性能

用来衡量拉伸性能的指标有：拉伸断裂强度和断裂伸长率。

断裂强度：织物在连续力的作用下所能承受的最大力。

断裂伸长率：织物在拉伸断裂时的伸长百分率。织物的断裂强度和断裂伸长率取决于纤维的性质、纱线的结构、织物的组织结构以及染整后加工等因素。

（1）纤维的性质　在天然纤维中，麻的强力最大；丝的强力与棉接近；毛的强力最低。合成纤维断裂强度大小排列为：锦纶＞维纶＞涤纶＞腈纶＞氨纶。人造纤维中，普通黏胶纤维的强力比棉低；富强纤维、强力黏胶纤维与棉接近；氨纶是所有纺织纤维中强力最低的一种。

合成纤维的断裂伸长率比天然纤维的断裂伸长率大。合成纤维的断裂伸长率排列为：氨纶＞锦纶＞涤纶＞丙纶＞腈纶＞维纶。天然纤维与人造纤维的伸长率排列为：羊毛＞蚕丝＞黏胶＞棉＞麻。

实验证明：合成纤维织物比天然纤维织物耐穿，高强高伸的织物最耐穿，如锦纶和涤纶织物。低强高伸的织物比高强低伸的织物耐穿，如涤纶织物比维纶织物耐穿，羊毛织物比麻织物耐穿。氨纶织物也比较耐穿。低强低伸的织物最不耐穿，因此黏胶纤维织物最不耐穿。

（2）纱线的结构

① 一般情况下，纱线的捻度增加，织物的断裂强度和断裂伸长率也随之增加。

② 线织物的断裂强度和断裂伸长率比粗细相当的单纱织成的织物断裂强度和断裂伸长率高。

③ 当经纬纱线的捻向相同时，织物的强度会有所增加。

④ 在织物密度相同的情况下，特数大的纱线织造的织物比特数小的纱线织造的织物的强度要高。

（3）织物的组织结构

① 在机织物的三原组织中，平纹组织的断裂强度和断裂伸长率最大，缎纹组织的断裂强度和断裂伸长率最小。

② 织物的密度对织物的断裂强度和断裂伸长率有着很大的影响。如果经密不变增加纬密，则织物的纬向强力增加而经向强力有所下降。如果织物的纬密不变增加经密，则织物的经纬向强力都会增加。

③ 厚型织物的断裂强度和断裂伸长率比薄型织物大。

2. 织物的撕裂性能

撕裂是纱线逐根断裂的过程。纱线强力大，则织物耐撕裂，因此合成纤维织物比天然纤维与人造纤维织物耐撕裂。

平纹织物的撕裂强度小，方平织物的撕裂强度最大，缎纹织物和斜纹织物居中。

3. 织物的顶裂性能

将一定面积的织物周围固定，从织物的一面给以垂直的力使其破坏，称成为顶裂。服装在膝部和肘部的受力情况与顶裂相近。

当经纬密度相近时，顶裂强度较大；当经纬密度差异较大时，顶裂强度较小。

织物厚度大者，顶破强力也大。

织物经纬纱伸长率较大的，顶破强力也较大。

4. 织物的阻燃性和抗熔性

织物阻止燃烧的性能称为阻燃性。纤维中，棉麻、人造纤维和腈纶是易燃的，燃烧迅速。羊毛、蚕丝、锦纶、涤纶、维纶等是可燃的，容易燃烧，但燃烧速度较慢。氯纶是难燃的。

织物接触火星时，抵抗破坏的性能称为抗熔性。天然纤维与人造纤维吸湿性好，回潮率高，抗熔性好。涤纶、锦纶等由于吸湿性差，熔融所需的热量少，抗熔性差。

5. 织物的耐磨性

耐磨性是织物抵抗磨损的性能。织物在穿着和使用过程中受到磨损，它是织物损坏的主要原因之一。磨损就是织物与外界物体反复摩擦而逐渐损坏。织物的磨损有平磨、曲磨和折边磨。衣服的臀部、袜底都是平磨；衣服的肘部和膝部曲磨；领口、袖口边和裤口边是折边磨。

（1）纤维的性质　纤维的断裂强度、断裂伸长率和弹性决定了纤维在重复拉伸作用下的形变能力。这种能力越大，耐磨性越好。在各种纤维中，锦纶的耐磨性最好，因此常用来做袜子的材料。涤纶的耐磨性仅次于锦纶，维纶、丙纶、氯纶也都具有较好的耐磨性；腈纶的耐磨性最差，接近于富强纤维和黏胶纤维。在天然纤维中，虽然羊毛的断裂强度最低，但由于其断裂伸长率和弹性优良，因此其耐磨性也相当好；其次是棉、蚕丝和麻。

在同样的条件下，较长纤维比短纤维的耐磨性好。因此，长丝织物的耐磨性比短纤维织物好，精梳织物的耐磨性优于粗梳织物。

粗纤维耐平磨，细纤维耐曲磨和折边磨。因此适当粗细的纤维织物耐磨性最好（线密度在2.78 ~ 3.33tex的纤维）。

（2）纱线的结构

① 纱线粗则织物的耐磨性好。

② 捻度大（不超过一定的限度）的纱线的耐磨性好。

③ 股线织物的耐平磨优于单纱织物。

（3）织物的组织结构

① 织物的密度增加，耐磨性好。但密度不能过大，否则使织物的折边摩擦增大，反而不利于织物的耐磨性。实验证明，过分松和过分紧的织物都不利于织物的耐磨性。

② 织物的重量越大，耐磨性越好。

（4）染整后加工　织物经过树脂整理，可提高其耐磨性。

6. 耐热性

织物在高温下保持自己的物理、机械性能的能力叫耐热性。织物的耐热性能，在低温时呈现出物理变化，在高温时伴有化学现象的产生。在高温时，天然纤维和人造纤维有分解炭化的性质；合成纤维则有软化、熔融的性质。织物的耐热性决定于纤维耐热性的好坏。在天然纤维中，麻的耐热性是最好的，其次是蚕丝和棉，羊毛最差。在人造纤维中，黏胶纤维的耐热性最好，因此常用它来做轮胎的帘子布。在合成纤维中，涤纶的耐热性是最好的，腈纶次之；锦纶的耐热性较差，受热易产生收缩；维纶的耐热性较差，且耐干热不乃湿热；丙纶的耐热性也差，耐湿热不耐干热；氯纶的耐热性极差。

7. 耐日光性

织物抵抗太阳光作用的性能叫耐日光型，这个指标对于露天穿着的服装较为重要。

织物的耐光性随纤维的种类的不同而不同。麻的耐光性在天然纤维中是最好的，长时间暴晒下，强度几乎不变。棉的耐光性也好，仅次于麻，但棉纤维如果长时间在阳光下暴晒，强度会下降且发硬变脆。羊毛的耐光性较差，因此羊毛织物不宜长时间在阳光下暴晒，否则会失去羊毛油润的光泽而发黄，给人以陈旧干枯之感，强度也会下降，直接影响使用寿命。丝的耐光性是天然纤维中最差的。因为日光中的紫外线对其有破坏作用。

在合成纤维中，腈纶的耐光性是最好的，而且是所有纺织纤维中最好的。因此，腈纶织物可以做窗帘、床罩及户外服装。丙纶的耐光性是所有纺织纤维中最差的。在日光下暴晒，强度会显著下降。

织物一般不宜在阳光下暴晒，要在阴凉通风处阴干，这不仅有利于保持织物色泽的鲜艳，而且还可以延长织物的使用寿命。

8. 耐酸碱性

耐酸性是织物对酸的抵抗能力，织物的耐酸性取决于纤维的耐酸性。

棉纤维和麻纤维都是纤维素纤维，因此耐酸性较差。羊毛和蚕丝都是蛋白质纤维，其耐酸性比纤维素纤维好。一般情况下，弱酸和低浓度的强酸对毛纤维无显著的破坏作用。因此，羊毛织物可在酸性染料中染色并可作防酸工作服。黏胶纤维也是纤维素纤维，其耐酸性也较差，且耐酸性不如棉。丙纶的耐酸性是所有纤维中最好的。锦纶的耐酸性是合成纤维中最差的，各种浓酸都会使其分解。

耐碱性是织物对碱的抵抗能力，织物的耐碱性取决于纤维的耐碱性。

棉纤维和麻纤维都是纤维素纤维，其耐碱性好，常温下稀碱对其不发生作用。利用其耐碱性，可对其进行丝光处理。蚕丝和羊毛都是蛋白质纤维，其耐碱性差。因此这类织物不宜在热碱液中洗涤，洗涤应用中性洗涤剂和高级洗衣粉，水温不宜太高，浸泡时间也不宜太长，漂洗要清，防止留有碱液。高级羊毛织物应该干洗。

黏胶纤维的耐碱性比耐酸性好，但不如棉的耐碱性好。涤纶的耐碱性不如耐酸性好，是合成纤维中较差的。涤纶对弱碱具有较好的稳定性，但在浓碱液中，涤纶的表面会受到腐蚀，尽管如此，残余部分的强度和染色性仍保持不变。

二　织物的外观性能

织物的抗皱性与弹性、收缩性、刚柔型、悬垂性、起毛起球性、抗钩丝性统称为外观性。

1. 抗皱性与弹性

抗皱性是织物抵抗变形的能力，弹性是指织物变形后的恢复能力。

织物的抗皱性和弹性取决于纤维的性质、纱线的结构、织物的组织结构和染整后加工等因素。

（1）纤维的性质　纤维的抗皱性和弹性是影响织物抗皱性和弹性的主要因素。纤维的抗皱性决定于纤维的初始模量。初始模量反映了纤维在小负荷下形变的难易程度。初始模量大，纤维在小负荷下不宜形变，刚性大，织物挺括。在天然纤维中，麻的初始模量最大，并且在所有纤维中居首位，棉、蚕丝次之，羊毛最差。在化学纤维中，初始模量从大到小依次是涤纶、黏胶纤维、腈纶、维纶、丙纶、氯纶、锦纶。初始模量越大，抗皱性越好；初始模量越小，抗皱性越差。

弹性的大小决定折皱恢复性的好坏。天然纤维中，羊毛的弹性最好，蚕丝和棉次之，麻最差。化纤中，氨纶的弹性最好，其次是锦纶、丙纶、涤纶、腈纶，氯纶和维纶弹性中等，黏胶最差。

抗皱性和弹性直接影响着织物的保型性。抗皱性好的织物不容易折皱，挺括度好；而弹性好的织物则能保持比较稳定外观，一旦形成折皱容易恢复。涤纶初始模量大，弹性好，因此其织物不易折皱，保形性好。虽然锦纶的弹性比涤纶好，但由于初始模量最小，因此织物的挺括度不如涤纶好。棉、麻、黏胶纤维等的初始模量比较大，由于弹性差，因此织物一旦形成折皱就不容易消失。

（2）纱线的结构　纱线的捻度适中，其织物抗皱性好。捻度过大或过小都会使织物的抗皱性变差。

（3）织物的组织结构

① 织物的浮长长则抗皱性好。因此，平纹织物的抗皱性较差，而缎纹织物的抗皱性较好。

② 厚型织物的抗皱性比薄型织物好。

（4）染整后加工　织物经过热定型和树脂整理，可提高其抗皱性。

2. 收缩性

织物在一定条件下会收缩变形，这是影响织物尺寸稳定的重要因素。织物的收缩性包括自然收缩、缩水性和热收缩性。

（1）自然收缩　织物在自然存放过程中产生的收缩称为自然收缩。这是因为织物在织造和染整加工过程中反复受到拉伸作用，使得纱线所受的应力变形一直处于试图回复到松弛的状态。由于织物在经纬向都存在内部应变，经纬两向都会引起自然收缩。一般新织成的织物自然回缩率大，随存放时间的延长，会所逐渐减小。

（2）缩水性　织物主要是纤维类材料，在常温落水后会产生收缩现象。收缩的百分率为收缩率。织物产生缩水与纤维的性质、纱线的结构、织物的组织结构和染整后加工有关。

① 纤维的性质。纤维吸湿是一个比较复杂的物理化学现象，纤维吸湿主要有以下两方

面的原因：a.纤维分子中的亲水基团的多少直接影响着纤维吸湿的大小。亲水基团数目越多，纤维的吸湿能力也越高。天然纤维和人造纤维都含有较多的亲水基团，故吸湿性较好；合成纤维由于含有的亲水基团不多，故吸湿性较差。b.纤维内部的影响。纤维的吸湿性主要发生在纤维的无定形区，纤维的结晶度越低，吸湿能力越强，在同样结晶度下，结晶体的大小对吸湿性也有影响。一般来说，晶体小的吸水性大。纺织纤维的吸湿性大小排列为：羊毛＞黏胶＞麻＞丝＞棉＞维纶＞锦纶＞腈纶＞涤纶。

② 纱线的结构、织物的组织结构及染整后加工。纱线的捻度小，织物的密度小，整体结构疏松，其纱线吸湿膨胀的余地大，故织物的缩水率也大。

经过树脂整理后，能降低纤维的吸湿能力，从而达到防缩的目的。

（3）热收缩性 合成纤维在高温状态下如熨烫、蒸压状态下会产生热收缩，这是因为合成纤维在成型过程中，为了获得良好机械、物理性能曾受到拉伸作用，在纤维中仍存在应力，因受玻璃态的约束，未能缩回；当纤维受热时的温度超过一定的限度时，纤维中的约束减弱，从而产生收缩。合成纤维织物为了产品尺寸稳定必须进行热定型。

3. 刚柔性和悬垂性

刚柔性是指织物的抗弯刚度和柔软程度。它是影响织物手感的重要因素。抗弯刚度是指织物抵抗其弯曲方向形状变化的能力，它常用来评价相反的特性——柔软度。影响织物刚柔性的因素有纤维的性质、纱线结构、织物的组织结构和染整后加工等。

（1）纤维的性质 纤维的抗弯性能直接与纤维的初始模量及纤维的粗细有关。初始模量越小织物越柔软。羊毛的初始模量小，因此具有柔软的手感；麻纤维的初始模量大，织物的手感刚硬；棉和蚕丝的手感中等。在化纤中，合成纤维的初始模量大，因此手感都较刚硬。锦纶的初始模量比涤纶、腈纶小，因此锦纶织物的手感比涤纶、腈纶柔软。

（2）纱线结构 纱线越细，其织物手感越柔软。

弱捻纱比强捻纱织物的手感柔软。

（3）织物的组织结构 在三原组织中，平纹组织由于交织点最多，因此手感刚硬；斜纹组织次之；缎纹组织最柔软。

针织物结构松于机织物，且用纱捻度比机织物小，因此针织物比机织物手感柔软。

相同纤维的织物，密度大的手感刚硬，密度小的手感柔软。

厚型织物比薄型织物手感刚硬。

悬垂性是指织物在自然悬垂状态下呈波浪弯曲的特性。悬垂性好的织物制成服装后能显示轮廓平滑的线条，波浪均匀的曲面，给人以线条流畅的形态美。一般像裙子、窗帘、桌布、舞台幕布等都要有较好的悬垂性。

悬垂性与刚柔性有关，与质量也有关。一般纱支粗、较厚重的织物悬垂性差，相对质量轻、柔软的细薄型织物悬垂性好。在同样条件下，针织物的悬垂性比机织物好。

4. 抗起毛、起球性

织物在穿着洗涤过程中，会经常受到揉搓和摩擦等外力的作用，在织物表面会露出许多纤维毛绒的现象，这种现象称为"起毛"。如果这些毛绒不能及时脱落，则会互相缠绕形成许多球形小粒，这称为"起球"。织物起毛、起球不仅直接影响服装的外观效应，而且会降低织物的穿着性能和内在质量。

影响织物起毛、起球的因素很多，其中主要因素是纤维本身的性质。

（1）纤维的性质　一般天然纤维织物除呢绒外，很少产生起毛、起球现象。人造纤维织物也不易起毛、起球，主要是因为这些纤维不仅强度低而且耐磨性差，起毛的纤维尚未起球就被磨损。而合成纤维由于纤维之间的抱合力差，纤维容易滑出织物表面，形成小球后不易脱落，因此比天然纤维容易起毛、起球。其中锦纶、涤纶和丙纶等织物最为严重，维纶、腈纶次之。

短纤维织物比长纤维织物容易起毛、起球。这是因为短纤维织物之间抱合力差，纤维容易滑到织物表面，再加上纤维头端多，所以容易起毛、起球。由此可见，精梳织物不容易起毛、起球。

细纤维织物比粗纤维织物容易起毛起球。这是因为纤维细，组成纱线的纤维头数就多。

断面接近圆形的纤维较其他截面的纤维容易起毛、起球，这也是合成纤维容易起毛、起球的原因。

（2）纱线结构　捻度增加，抗起毛、起球性好。股线织物的抗起毛、起球性比单纱织物好。

（3）织物的组织结构　机织物的结构紧密，因此它的抗起毛、起球性比针织物好。在机织物的三原组织中，平纹组织的抗起毛、起球性最好，斜纹组织次之，缎纹组织最差。

布面平整的织物比布面凹凸不平的织物抗起毛、起球性好。

（4）染整后加工　织物经过烧毛、剪毛、定型和树脂整理，抗起毛、起球性有所提高。

5. 抗钩丝性

织物的钩丝是织物或服装在穿着的过程，受到坚硬物体的刮擦，织物的纤维或单丝被勾出，在织物的表面上形成丝环或断裂为毛绒现象。

织物的钩丝不仅影响织物的外观，而且会破坏织物的组织结构，降低织物的使用价值。影响织物抗钩丝性的因素如下。

（1）纤维的性质　纤维的弹性好，其织物的抗钩丝性好。因为纱线可以利用纤维本身的弹性来缓和外力的作用。另外，当外力取出后，由于弹性变形的恢复，纤维容易回到组织中去。

（2）纱线的结构　强捻纱织物的抗钩丝性比弱捻纱织物好。股线织物的抗钩丝性比单纱织物好。膨体纱织物比其他纱线织物易产生钩丝。

（3）织物的组织结构　机织物比针织物的抗钩丝性好。平纹织物比斜纹织物和缎纹织物的抗钩丝性好。密度大的织物比密度小织物抗钩丝性好。织物表面平整的织物比表面凹凸不平的织物抗钩丝性好。针织物易产生钩丝。

（4）染整后加工　织物经过热定型和树脂整理，可提高织物的抗钩丝性。

三 织物的舒适性

织物的舒适性包括透通性和保暖性两个方面。

1. 织物的透通性

织物的透气性、吸湿性及透水性、防水性统称为透通性。不同用途的织物，各有不同的要求。

（1）透气性　织物能够透过空气的性能称为透气性。织物的透气性与舒适性有很大关系。

夏季服装应具有较好的透气性，可使人们穿着服装不感到闷热。冬季外衣用的面料可选用透气性较差者，以提高保暖性，防止身体的热量散发到空气中。

织物中浮线长的透气性好，所以平纹织物的透气性差，缎纹织物的透气性好。

较厚重的织物透气性差，薄型织物透气性好。

起绒织物、皮革、毛皮织物透气性差。

一般来说，异型纤维制成的织物透气性比圆形截面纤维制成的织物好。

（2）吸湿性　吸湿性是服装材料重要的卫生指标，它是指服装材料吸收水分的能力，是服装舒适性的重要因素。吸湿性好的材料能及时吸收人体排放的汗液，始终保持皮肤表面与服装内衣间处于干燥状态，因此人感到比较舒适。若吸湿性差的材料，不能及时吸收人体排放的汗液，使人体皮肤表面和服装内衣间处于高湿区，人就会感到闷热、不舒适。织物的吸湿性与下列因素有关。

① 纤维的性质。天然纤维和人造纤维都是亲水性纤维，因此织物的吸湿性好。其中由于麻纤维吸湿散热快，接触冷感大，此织物是理想的夏季衣料。羊毛和蚕丝的吸湿性好，而且吸湿饱和率也高，即使在很潮湿的环境下，感觉仍然是很干燥的。

合成纤维的吸湿性差，其中维纶的吸湿性是最好的，而丙纶的吸湿性最差，其缩水率小，易洗快干。合成纤维制品穿着有闷热感，但具有良好的洗可穿性。

纺织纤维吸湿性大小排列顺序为：

羊毛＞黏胶＞富强纤维＞麻＞蚕丝＞棉＞维纶＞锦纶＞腈纶＞涤纶＞丙纶。

② 纱线结构。弱捻纱织物比强捻纱织物吸湿性好；复丝纱比单纱好；短纤维纱比长纤维纱好。

③ 织物的组织结构。针织物的吸湿性比及织物好。起绒织物和起毛织物的吸湿性比一般织物好。

（3）透水性及防水性　织物渗透水分的性能，称为透水性。织物阻止水分透过的性能，称为防水性。

织物的透水性和防水性是相反的两种性能。透水性主要是工业用织物的考查指标，在此不作叙述。吸湿性好的纤维，防水性差；织物组织紧密的防水性好。如：卡其织物的密度大，防水性较好，可用作风衣面料。

2. 保暖性

保暖性是织物的重要性能之一，它是指织物在有温差存在的情况下，防止高温方向向低温方向传递热量的性能，它常用相反的指标即导热系数来表示。导热系数越小，织物的保暖性越好。静止空气的导热系数最小，是最好的热绝缘体。织物的保暖性决定于纤维的导热系数、纱线的结构及织物的组织结构。

（1）纤维的性质　在天然纤维中，棉纤维和毛纤维的含气量都很大，因此其织物的保暖性好。羊毛纤维的导热系数比棉纤维小，因此其织物的保暖性比棉织物还要好，具有很好的御寒能力。棉絮和羊毛都可以做棉衣的絮料和填料。由于麻纤维的导热系数较其他纤维大而且含气量较少，因此散热快，保暖性差。由于其织物还具有吸湿散热快的优点，因此是夏季服装最理想的用料。生丝由于缺少蓬松感，含气量较少，其织物的保暖性不如羊毛织物，但丝的下脚料可以做絮填料使用。

在化纤中，腈纶的保暖性特别好，比羊毛还要高15%。氯纶的导热系数比羊毛还小，因此保暖性比羊毛好。丙纶的保暖性也较好。其他化纤由于含气量少，导热系数大，因此保暖性差。

（2）纱线的结构　纱线越粗其织物的保暖性越好，因此防寒服装材料一般选用特数大的纱线织成；夏季衣料则选用特数小的纱线织成。

纱线捻度增加其织物的保暖性降低。因此强捻纱织物的保暖性不如弱捻纱织物的保暖性好。

（3）织物的组织结构　起绒织物和起毛织物比一般织物的保暖性好。

第四节　服装用织物的识别

服装材料的外观包括经纬向、正反面及倒顺等，正确区分这几个方面，对于服装的制作与加工非常重要。

 经纬向的鉴别

机织物是由经纬两组纱线按照一定的规律和形式垂直交织而成的。因此，织物有经向、纬向、斜向之分。经向是经纱方向也称直丝缕方向；纬向是指纬纱方向也称横丝缕方向；在经纬纱之间成45°角方向称斜丝缕方向。这三种方向性能各异。直丝缕方向具有不易伸长变形，挺拔和自然垂直的特性；横丝缕方向具有略有收缩，不易平复和较丰满的特性；斜丝缕方向具有伸缩性大，富有弹性特性。由此可见，服装的不同部位用料各不相同，经纬向的不同，不但织物的伸长、缩率不同，而且牢度和色彩也会有差别，织物的经纬向对服装的造型、质量都有直接的影响。只有用料适当，才能使服装造型优美，穿着合身挺拔。因此，识别织物的经纬向对于服装的裁剪制作非常重要。

织物的经纬向判别方法有以下几种。

（1）从布边看　与布边平行并与匹长同方向的为经向；与布边垂直并与幅宽同方向的是纬向。

（2）从伸长看　对没有布边的小块样品，用手拉时，易延伸的方向是纬向，经向基本不延伸。

（3）交织物　一般来说，棉毛、棉麻交织的，棉纱为经纱；毛丝、毛丝棉交织的则以丝或棉的方向为经向；丝/人造丝、丝/绢丝交织物是以丝的方向为经向。

（4）从密度看　一般来说，密度大的为经向，密度小的为纬向。

（5）从纱线看　通常股线方向为经向；单纱方向为纬向。

（6）从捻向看　则Z捻纱为经向，S捻纱为纬向。

（7）从捻度看　则捻度大的为经向，捻度小的为纬向。

（8）毛巾织物　以起毛圈的纱的方向为经向。

（9）纱罗织物　以绞经的方向为经向。

（10）条格织物　一般条格织物较复杂，平直而明显，并且格型略长的一方为经向。

二　面料正反面的识别

1. 根据面料的组织结构识别

（1）平纹组织　从组织结构上看，平纹是没有正反面的。因此，如果不是经过印花、染色、拉绒、轧光、烧毛处理的平纹织物，一般可以不区分正反，将结头、杂质少的一面视为正面。

（2）斜纹组织　一般来说，斜纹组织是要区分正反面的，对于正反面组织点相同的双面斜纹，按"线撇纱捺"的原则区分正反面。如果是全线及半线织物，则是右斜纹的一面为正面；如果是纱织物，左斜的一面为正面。

（3）缎纹织物　织物表面平整，光滑、紧密、亮丽的一面为正面，稀松、暗淡、毛糙、光泽差的一面为反面。

（4）其他组织织物　正面花纹清晰、完整、立体感强，布面平整光洁；反面较为粗糙，花纹模糊。

2. 根据布边判断

对于有布边的织物，布边光洁、整齐的一面为正面；有针眼的织物，平滑凹进的一面为正面。

3. 根据包装判断

从卷装看，单幅匹布的卷装表面为反面，双幅呢绒对折在里面的那面为正面，从商标和印章看，内销产品的商标贴在匹头的反面，匹尾加盖检验印章，外销产品在正面贴商标和盖章。

思考与练习

一、名词解释

1.机织物　2.针织物　3.织物组织　4.飞数　5.纬平针组织　6.纬编罗纹组织

7.双反面组织　8.匹长　9.幅宽

二、问答题

1.平纹、斜纹、缎纹的组织参数，各具有何特点。

2.机织物与针织物有何区别。

3.纬平针组织的特点及应用。

4.纬编罗纹组织的特点及应用。

5.双反面组织的特点及应用。

6.织物的服用性能包括几个方面，都由哪些方面决定？各类织物在服用性能上特点如何？

第四章　常用服装面料

- ● 第一节　天然纤维面料
- ● 第二节　化学纤维面料
- ● 第三节　针织面料
- ● 第四节　裘皮与皮革面料

学习目标

1. 棉织物、麻织物、丝织物、毛织物的服用性能特点。

2. 各类面料中主要品种的特点及用途。

3. 化纤面料的服用性能特点。

　　服装面料主要用于服装表层部分，是构成服装的主体材料。服装面料种类繁多，其中纺织物最为常用。下面介绍常见的纺织服装面料。

第一节　天然纤维面料

 棉织物

棉织物是以棉纤维作为原料制成的织物，主要指机织物，俗称棉布。棉纤维面料以其优良的服装用性能而成为最常用的纺织面料之一，深受消费者的欢迎。

 1. 棉织物的主要特征

棉织物外观朴实自然，具有良好的吸湿性、透气性，穿着舒适；手感柔软，保暖性好；但其弹性较差，面料产生褶皱后不易回复，保型性差，经免皱整理后有所改善；相对耐碱而不耐酸；耐热和耐光性能均较好；染色性好，色泽鲜艳，色谱齐全，但易褪色；对微生物抵抗能力较差，易产生霉变。棉织物是最为理想的内衣材料，也是价廉物美的大众外衣料。

 2. 棉织物的分类

（1）按印染整理加工方法的不同，可分为原色布、漂白棉布、染色棉布、印花棉布和色织棉布。

（2）按织物组织结构的不同，可分为简单组织棉布、变化组织棉布、联合复杂组织棉布、提花棉布。

（3）按销售习惯、季节的不同，分为夏令品种和冬令品种。

（4）按外观风格的不同，可分为平纹布、斜纹布、缎纹布、色织棉布、起皱棉布、仿麻棉布、起绒棉布、花色棉布等。

 3. 棉织物的主要品种介绍

（1）平纹面料　平纹面料一般正反面外观相似，布面平整，结构稳定，比相同规格条件下采用其他组织织成的面料耐磨性好，强度高，但光泽度、手感较差。

平布　平布是一种平纹组织的棉织物，是棉织物中的主要品种。

① 结构特点：其经纬向纱线细度和密度相同或相近，双向强力较为均衡，布面平整，结实耐穿。

② 种类：根据经纬向纱线粗细的不同，可分为细平布、中平布（市布）和粗平布。

a. 细平布。质地轻薄细密，手感柔软滑爽，布面棉结杂质少；一般加工成漂白布、印花布、色织布，用于制作衬衫、夏装、婴幼儿服装及床上用品等。细平布如图4-1所示。

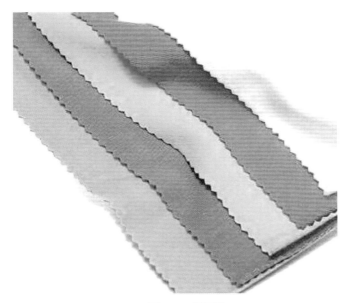

▲　图4-1　细平布

b. 中平布。又称为市布，布身厚薄中等，结构紧密较坚牢；可加工成各种类型棉布，用于制作衬衫、被单、衬布、里料、袋料等。

c. 粗平布。又称为粗布，布身厚实，坚牢耐磨，表面较粗糙，有较多棉结杂质；常用于风格粗犷的服装、劳保服装、衬布、包装材料等，如图4-2所示。

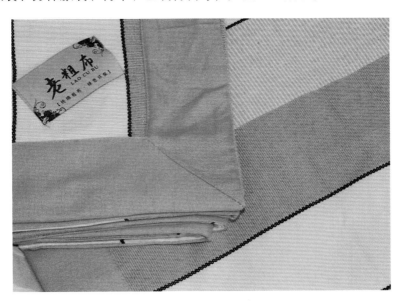

▲　图4-2　粗平布

府绸　是一种高支高密的平纹棉织物。

① 结构特点：府绸经纬向纱线较细，密度较高，经密一般是纬密的两倍左右。

② 种类：按其所使用纱线不同，可分为纱府绸、线府绸、半线府绸；按纺纱工艺分有

普通府绸、精梳府绸和半精梳府绸。府绸中以半线府绸为主，纱府绸次之，线府绸最少。

③ 风格特征：其质地细致，富有光泽，手感滑爽，织纹清晰，具有颗粒状外观效果，丝绸感强，是棉布中的高档品种。

④ 用途：府绸外观细密，光泽度好，是理想的衬衫、内衣、睡衣、夏装和童装面料，也可用于制作手帕及床上用品等。

巴里纱 又称"玻璃纱"，是以较细的纯棉纱线织成的稀薄透明织物。其具有经纬向纱线细，捻度大，密度小的特点；质地轻薄，布面清晰透明，触感挺爽，吸汗透气，常用于夏季女衬衫、裙子、礼服、面纱、头巾以及窗帘、装饰用布等，畅销于热带和亚热带地区。

帆布 是一种较粗厚的棉织物或麻织物，因最初用于船帆而得名。一般多采用平纹组织，经纬纱均用多股线。帆布通常分粗帆布和细帆布两大类。粗帆布又称篷盖布，织物坚牢耐折，具有良好的防水性能，用于汽车运输和露天仓库的遮盖以及野外搭帐篷。细帆布，用于制作劳保服装及其用品，经染色后也可用作鞋、旅行袋、背包等面料。此外，还有橡胶帆布，防火、防辐射用的屏蔽帆布等。

绉布 绉布是采用强捻纬纱与普通经纱织造而成，是表面具有纵向均匀皱纹的薄型平纹棉织物，又称绉纱。

泡泡纱 是棉织物中具有特殊外观风格特征的织物，采用轻薄平纹细布加工而成。布面呈现均匀密布凸凹不平的泡泡，立体感强，穿着舒适透气，不贴身，有凉爽感。常用于制作衬衫、衣裙、睡衣裤及童装等夏季服装面料，如图4-3所示。

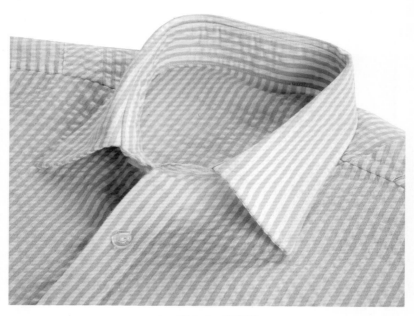

▲ 图4-3 泡泡纱

麻纱 麻纱是一种具有麻织品风格的棉织物。常采用平纹变化组织织成，经纬向纱线捻向相同，捻度较大，密度较小。麻纱轻薄透凉，平挺滑爽，具有天然麻布类的特征，是夏令衣着的主要品种之一，有风凉透气的特点。适宜做男女衬衫、童装、裙料以及手帕和装饰用布，如图4-4所示。

▲ 图4-4 麻纱

牛津布 又称牛津纺。起源于英国，是以牛津大学命名的传统精梳棉织物。常以双根较细的精梳高支纱线为经纱，双根较粗的纱线为纬纱，以纬重平组织交织而成；经密大于纬密；有素色、漂白、色经白纬、色经色纬、中浅色条形花纹等。其手感柔软，光泽自然，布身气孔多，透气性好，穿着舒适，平挺保型性好，多用作衬衣、运动服和睡衣等，如图4-5所示。

▲ 图4-5 牛津布

（2）斜纹面料 斜纹面料表面呈现由经浮长或纬浮长顺序排列而构成的斜向纹路。经纬

▲ 图4-6 卡其

纱线密度一般大于平纹面料，交织点比平纹少，手感较平纹厚实柔软，但不如平纹面料牢固耐磨。

斜纹布 采用两上一下斜纹组织织造而成的中厚斜纹面料。经纬向常采用单纱，细度相近，经密略大于纬密。斜纹布一般正面斜向纹路清晰，反面模糊不清，为单面斜纹。其布身紧密厚实，手感较平纹布柔软。

根据所使用纱线粗细分为粗斜纹布和细斜纹布两种。可用作男女便装、制服、工作服、学生装等面料，也可用作台布、床上用品、服装里料等。

卡其 是斜纹类棉织物中一个重要品种。常采用三上一下斜纹组织织造而成，经纬向纱线密度较大。

卡其品种有双面卡和单面卡，即线卡其和纱卡其两种。纱卡其布身结构紧密厚实，强力大，但耐磨性不如斜纹布；线卡其布身厚实，挺括不易起皱，是棉织物中牢固度较强的品种，但手感比较硬挺，不够柔软，耐磨性差，特别是服装折边处容易磨损。由于织物密度大，因此，在染色时染料不易渗透，易出现磨白现象。卡其用途十分广泛，适合于各年龄层次和性别的人穿着，可用作外套、夹克衫、风衣、裤子等，如图4-6所示。

华达呢 棉华达呢是以棉纱为原料效仿毛华达呢风格织造的斜纹面料。常采用两上两下加强斜纹组织，密度适中，经密一般是纬密的两倍。常见品种有纱华达呢和半线华达呢两种。华达呢织纹突出、细致，布面呈现60°角左右的斜向纹路，手感厚实挺括，耐磨不易折裂。适宜用作休闲装、夹克衫、风衣、制服、工作服等春、秋、冬三季各种男女服装面料。

哔叽 哔叽是毛织物中的一个品种，棉哔叽是仿毛风格的棉织物。常采用两上两下加强斜纹组织，是斜纹组织中密度较小的一种，经密略大于纬密。哔叽正反面纹路都很清晰，结构疏松，质地柔软，耐磨性相对较差。根据所用纱线不同，可分为纱哔叽和线哔叽，以纱哔叽为主。哔叽经染色加工可用作男女服装，经印花加工后主要作为妇女、儿童衣料，也可作为被面、窗帘等。

牛仔布 又称劳动布，经纬纱常用粗支纱，经纱用靛蓝染料染色，纬纱用白色，组织采用经面斜纹或乱斜纹。有采用不同原料的牛仔布，如弹力牛仔布，雪花牛仔布，棉麻、棉毛混纺纱织制的高级牛仔布；采用不同加工工艺的牛仔布、如高捻纬纱织制的牛仔布、彩条牛仔布、闪光牛仔布、印花牛仔布；采用不同加工方法的牛仔布、如石磨牛仔布、剥色牛仔布、水洗牛仔布等。牛仔布吸湿透气，穿着舒适，防皱、防缩、不易变形，可与各种颜色搭配使用，越洗越鲜艳，越旧越漂亮。可用于制作牛仔裤、牛仔T恤衫、牛仔夹克衫、牛仔裙、牛仔风衣、牛仔背心、牛仔弹力运动裤，还可做手提包、腰带、鞋等。

（3）缎纹面料 缎纹面料的经纬向浮长较长，面料光滑柔软，富有光泽，质地紧密细腻，可分为直贡缎和横贡缎两种。

直贡缎 直贡缎采用经面缎纹组织织成的纯棉织物。由于表面大多被经浮线覆盖，厚者具有毛织物的外观效应，故又称贡呢或直贡呢；薄者具有丝绸中缎类的风格，故称直贡缎。直贡缎质地紧密厚实，手感柔软，布面光洁，富有光泽。按所用纱线不同，分为纱直贡和半线直贡；按印染加工不同，分为色直贡和印花直贡，一般经电光或轧光整理后。色直贡主要用作外衣和鞋面料；印花直贡主要用作被面、服装面料。直贡表面浮长较长，用力摩擦表面易起毛，不宜用力搓洗。

横贡缎　横贡缎多采用五枚三飞纬面缎纹织成，经纬纱支较细。横贡缎有染色和印花两大类。织物结构紧密，经纬交织点较少、纬纱在织物表面浮线较长，布面大部分由纬纱覆盖，因而布面富有光泽，质地柔滑，悬垂性好，适宜用于男女高档衬衫、裙装、高档睡衣服装及被面等。

（4）起绒棉布

绒布　经过拉绒处理，表面呈现丰润绒毛状的平纹或斜纹棉织物。绒布分单面绒和双面绒两种。单面绒组织以斜纹为主，也称哔叽绒；双面绒以平纹为主。绒布手感柔软，保暖性好，穿着贴体舒适，宜作冬季内衣、睡衣。印花绒布、色织条格绒布宜做妇女、儿童春秋外衣。本色绒、漂白绒、什色绒、芝麻绒一般用作冬季服装、手套、鞋帽夹里等，如图4-7所示。

▲ 图4-7　绒布

平绒　平绒是经割绒整理，表面具有短密、平整、耸立绒毛的棉织物。平绒分为割经平绒和割纬平绒两种。平绒绒毛丰满平整，光泽柔和，手感柔软，质地厚实，耐磨耐用，保暖性好，富有弹性，不易起皱。适宜制作秋冬女装面料，还可用于鞋帽、沙发面料、窗帘、幕布、桌布等，如图4-8所示。

灯芯绒　采用一组经纱和两组纬纱，按纬二重组织织制，然后经割绒而成。因布面呈现纵向绒条，外观圆润像灯芯草，所以称为灯芯绒，俗称棉条绒。按绒条粗细分为特细条、细条、中条、粗条和阔条；按色相分有漂白、杂色及印花多种。灯芯绒外观效果独特，手感柔软，质地厚实，保暖性好，适宜制作秋冬季外衣、鞋帽面料和幕布、窗帘、沙发面料等装饰用品，如图4-9所示。

▲ 图4-8 平绒

▲ 图4-9 灯芯绒

二 麻织物

麻织物指用麻纤维纺织加工而成的织物，目前用于服装面料的主要有苎麻和亚麻。

1. 麻织物的主要性能特征

① 外观粗犷，手感挺括。
② 吸湿透气性好，穿着不贴身的特点。
③ 导热性好，面料给人凉爽的感觉。

④ 强度高，但弹性差，抗皱能力差。

⑤ 耐热、耐光性好。

⑥ 相对耐碱不耐酸，具有良好的抗菌防霉的效果，是理想的夏季服装面料。

2. 麻织物的分类

（1）按所用的原料分　分为苎麻布、亚麻布、麻交织物、麻混纺布。

（2）按加工方法不同分　分为手工麻布、机织麻布。

（3）按印染整理加工分　分为原色麻布、漂白麻布、染色麻布、印花麻布。

3. 麻织物主要品种介绍

（1）夏布　传统夏布是以纯手工纺织而成的苎麻平纹布。根据加工方式分为原色、漂白、染色、印花夏布；根据地域可分为浏阳、宜丰、荣昌、隆昌、万载夏布等。优质夏布纱线粗细均匀，布面平整光洁，清汗离体，透气散热，挺爽凉快，质地坚牢，富有弹性，适合用于男女夏季服装面料；品质稍差的夏布可用作桌布、蚊帐和服装衬料等。

（2）苎麻织物　常以平纹或斜纹织造而成，有漂白、什色、印花等品种。织物吸湿透气好，散热快，穿着凉爽，不贴身。是理想的夏季男女衬衫、女裙等服装用料。

（3）亚麻织物　与苎麻织物相比光泽度更好，手感更加柔软。用较粗亚麻纱织成的亚麻布常用作外衣面料，用细纱线织成的亚麻织物常用作内衣、衬衫、夏季裤料、床上用品等。

（4）混纺麻织物　多采用平纹组织织成。有麻/棉混纺织物、毛/麻混纺织物、丝/麻混纺织物及化纤混纺织物。织物柔而不烂，挺而不硬，风格粗犷，易洗快干。常用于夏季男女外衣、女裙用料。

（5）交织麻织物　多采用平纹组织。有麻棉交织物、丝麻交织物、麻棉氨纶弹力交织物。织物质地细密，坚牢耐用，布面洁净，手感比纯麻织物柔软。细薄的交织麻织物可做夏季衬衫、裙料，较厚的可做裤料、外衣及工作服衣料。

三　毛织物

毛织物又叫呢绒面料，属中高档衣料。它的主要原料是羊毛，也包括羊毛和其他纤维混纺、交织的织物，以及纯化纤仿毛织品。

1. 毛织物的主要性能特征

（1）吸湿性强、穿着舒适　羊毛纤维的吸湿性在所有纤维中是最好的，能很好地吸收人体排出的湿气，穿着舒适。

（2）质轻、保暖性好　羊毛的相对密度为1.23～1.32，小于其他纤维，故穿着轻便；羊毛是热的不良导体，具有良好的保暖性，特别是经过缩绒的粗纺呢绒，更有非常好的保暖性，适于冬季穿着。

（3）弹性好、织物保型性好 羊毛纤维具有良好的弹性，起褶皱后容易恢复，因此织物能保持平整、挺括的外观。

（4）质地坚牢耐磨 羊毛属于低强高伸织物，其耐拉伸性能在天然纤维中是最好的；而且其有良好的弹性，耐磨性良好，因此羊毛织物具有很好的耐用性。

（5）染色牢固、不易褪色 羊毛织物宜于染色，且染色牢固，色泽鲜艳。

2. 毛织物的分类

（1）按商业习惯分 呢绒的品种很多，根据纺织工艺过程和织物的外表特征，把呢绒分为精纺毛织物、粗纺毛织物、长毛绒、驼绒。

（2）按原料分类 按不同的纤维原料，毛织物分为纯毛织物、混纺或交织毛织物、纯化纤仿毛织物。

3. 毛织物的主要品种及特点

（1）精纺毛织物 是用精梳毛纱织成，所用羊毛原料品质高，织物具有较好的外观性能。

凡立丁

① 结构特点：凡立丁为素色平纹织物，纱支细，捻度大，经纬密度小，多采用匹染，是精纺呢绒中密度最小的一种。

② 织物风格：织纹清晰，呢面平整光滑，手感滑爽，光泽柔和。

③ 应用：用于夏季男女裤料、女上衣料、裙装等。

派力司

① 结构特点：经纱采用股线，纬纱用单纱；一般是条染混色，平纹织成。与凡立丁的不同在于，派力司是混色的，凡立丁是单色的。派力司是精纺呢绒中最薄的一种。

② 织物风格：呢面有均匀的轻微细条纹，呢面平整光洁，手感平挺滑爽，质地轻薄，牢固耐脏。

▲ 图4-10 华达呢

③ 应用：夏季男女、套装、裤装。

华达呢 又称轧别丁，是一种由精梳毛纱织成的紧密斜纹织物，属于高档服装面料，如图4-10所示。

① 结构特点：常用两上两下右斜纹、两上一下右斜纹，经密约是纬密的2倍。

② 织物风格：织纹清晰，手感滑糯，质地紧密，光泽柔和，多为素色。

③ 应用：男女春秋西服套装、风衣、制服和便装等。

哔叽 来源于英文词beige，意思是"天然羊毛的颜色"，属于中高档服装面料，是精纺呢绒中销路较广的品种之一，如图4-11所示。

① 结构特点：经纬纱采用 33.3 ~ 16.7tex 双股线，采用两上两下斜纹组织织成；经密大于纬密。

② 种类：按外观分光面哔叽和毛面哔叽；按厚薄分有厚、中、薄三种。

③ 织物风格：手感滑糯，呢面光洁平整，织纹清晰，有身骨，以匹染为主。

④ 应用：女式套装、裙装、男女西服、中山装、夹克衫等。

▲ 图 4-11　哔叽

啥味呢　来源于英文词 semifinish，意思是 "经缩绒整理的呢料"，是中厚型混色斜纹毛织物。

① 结构特点：采用两上两下斜纹组织，密度适中。常为条染混色。

② 种类：啥味呢呢面有两种，光面啥味呢和毛面啥味呢。

③ 织物风格：色彩层次丰富，光泽自然柔和，手感不板不糙，糯而不烂，有身骨，悬垂性好。

④ 应用：与哔叽相同。

哔叽与啥味呢的区别：哔叽是单色的，而啥味呢是混色的；同时，市场上供应的哔叽大多是光面的，而啥味呢多为毛面的。

女衣呢　由精梳毛纱织成的轻薄型呢绒。

① 结构特点：多采用平纹组织、斜纹组织或提花组织。

② 织物风格：重量轻，结构松，手感柔软而富有弹性，花纹清晰，色谱齐全，色泽艳丽。

③ 应用：适宜做女装裙子、外衣等。

马裤呢　由精梳毛纱织制的厚型毛织物，因最初主要用于骑士做马裤而得名。

① 结构特点：纱线较粗，常采用三上一下急斜纹组织，经密是纬密两倍左右。

② 织物风格：织物表面呈现粗壮凸起的斜纹条，反面织纹平坦，织物质地厚实，坚牢耐用，呢面平整光洁，风格粗犷，手感挺实而富有弹性，保暖性好。

③ 应用：高级军用大衣、军装、裤装、套装、制服等。

花呢　呢绒中花色变化最多、花色品种最为丰富的品种，是花式毛织物的统称。花呢经纬纱常用不同种类的纱线，用各种不同的组织，形成丰富多彩的花色，如图 4-12 所示。

① 分类

按厚度分：有薄花呢、中厚花呢、厚花呢等。

按外观分：有素色花呢、条花呢、格子花呢、单面花呢等。

按原料分：有全毛花呢、毛涤花呢、毛涤黏花呢、毛黏花呢、毛涤麻花呢、涤黏花呢、纯涤纶花呢、黏锦花呢、黏腈花呢。

② 特点

a. 薄型花呢有全毛薄型花呢、毛涤薄型花呢及涤纶薄

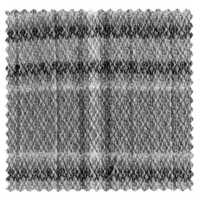

▲ 图 4-12　花呢

型花呢。其中以毛涤薄型花呢为主，其具有褶缝持久、免烫、易洗、快干等的特点。适用于制作男女春秋上衣、裤子等。

b. 中厚花呢有全毛中厚花呢与毛混纺和化纤中厚花呢。毛混纺和化纤中厚花呢的风格以全毛中厚花呢为标样。全毛中厚花呢有光面和毛面两种。光泽自然柔和，膘光足，颜色鲜艳，无沾色，无陈旧感，手感滋润，光滑不糙，身骨丰厚、结实、有弹性、手感滑爽，不板不烂，纱支条干均匀，边道平直，配色调和。大多用于春秋两用衫、上衣、裤子、套装等。

c. 厚花呢，全毛厚花呢的风格与中厚花呢相同，质地结实丰厚，多用制作大衣、制服、裤子等。

贡呢 是精纺呢绒当中经纬密度均较大又较厚重的一种缎纹组织织物，属于精纺呢绒中较高档的面料。由于织纹浮线长，呢面特别光亮，根据纹路倾斜角度的不同，可分为直贡呢、横贡呢和斜贡呢。呢面光洁平整，织纹清晰，不起毛，光色自然柔和，颜色新鲜，无陈旧感，光滑不糙，身骨紧密，不松不板，有弹性。其中直贡呢多为素色，且以黑色为主，常用于制作礼服，又称礼服呢。贡呢常用作秋冬季高级礼服、西服、大衣、鞋帽面料。

驼丝锦 由较细纱线织制，经、纬密度高，多用缎纹变化组织，其名来源于英文词doeskin，原意为"母鹿皮"，比喻为品质精美。驼丝锦织纹细致清晰，呢面平整，手感柔软滑糯而富有弹性，光泽好。适宜制作礼服、套装等，是高档毛织物。

旗纱 密度较小，采用平纹组织，质地松薄，作旗帜之用，质量一般为133～168g/m²，也用作窗帘、领衬或领带的衬布，还可用作夏季西装和男装。

（2）粗纺毛织物 多采用粗纺毛纱织造，原料品种多样，各种品质的羊毛均可使用，其他动物纤维如山羊绒、骆驼毛、兔毛、马海毛、牦牛毛等也可使用。大部分产品经过缩绒和起毛处理，故质地柔软厚实，保暖性强，多用于秋冬季服装面料。

麦尔登 粗梳毛纱织成的质地紧密的有绒面的毛织物，其名源于英国当时的生产中心列斯特郡的melton mowbary地名，简称meiton。

① 结构特点 经纬纱采用粗梳毛纱，采用两上两下、一上两下斜纹组织，密度较大。重缩绒，不易起毛。

② 织物风格 手感丰润而富有弹性，呢面细洁平整，身骨挺实，耐磨性好，色泽柔和。

③ 应用 男女冬季长短大衣、制服等。

大衣呢 是粗梳毛纱织制的一种厚重毛织物，是粗纺呢绒中规格较多的一类，因主要用于冬季大衣面料，如图4-13所示。

① 结构特点：大衣呢一般采用斜纹变化组织，复杂组织中的纬二重、经二重及双层组织，常经过缩绒或缩绒后再起毛。

② 种类：大衣呢根据不同的风格分为平厚大衣呢、立绒大衣呢、顺毛大衣呢、拷花大衣呢、花式大衣呢。

③ 织物风格：质地丰厚，保暖性强。

④ 应用：主要用于大衣衣料。

制服呢 是粗纺毛织物中的大众化品种，所用羊毛品质较低。常采用两上两下斜纹或破斜纹，织物表面较粗糙，有耸立绒毛，不丰满略有露底，质地厚实，色泽不够匀净，摩擦后易掉毛。可用于秋冬季男女各式服装面料。

法兰绒 混色柔和而有绒面的中高档毛织物，其名来源于英文词flannel。

▲　图4-13　大衣呢

① 结构特点：经纬纱用111 ～ 67tex粗梳毛纱，采用平纹及两上两下斜纹组织。

② 种类：按原料分有全毛法兰绒和混纺法兰绒两种；按厚薄分有厚型和薄型两种。

③ 织物风格：呢面细洁平整，混色均匀，手感柔软丰满而富有弹性，保暖性好。

④ 应用：春秋季各式女装，薄型的做衬衫和女裙等。

粗花呢　　是粗纺呢绒中花式效应较多的品种。

① 结构特点：采用两种或两种以上的单色纱、混色纱、色纱合股、花式线与平纹、斜纹或各种花式组织配合形成不同外观风格。

② 织物风格：色泽协调，外观粗犷，质地厚实，结实耐用，保暖性好。

③ 应用：女时装，春秋冬各式服装。

大众呢

① 结构特点：利用细支精短毛和再生毛为主的重缩绒织物，常用两上两下斜纹或破斜纹组织。

② 织物风格：呢面细洁，平整均匀、基本不露底，外观风格近似麦尔登，手感紧密，

有弹性。

③ 应用：适宜制作上装及裤子。

女士呢

① 结构特点：常用纱支为166.7～58.8tex的粗梳纱线，多用两上两下斜纹或平纹组织。

② 种类：女士呢分为平素女士呢、立绒女士呢、顺毛女士呢、花式松结构女式呢。

③ 织物风格：身骨丰厚而有弹性，不露底，手感柔软。

④ 应用：适宜制作女上衣。

其他类 其他类包括：粗服呢、劳动呢、制毛呢等。粗服呢和劳动呢是利用粗短毛、下脚料及黏胶纤维为主的低档产品。织物以两上两下斜纹组织为主，常用纱支250～125tex。价格便宜，适宜制作男上装和裤子。

（3）长毛绒 长毛绒亦称海虎绒，是由精梳毛纱与棉纱交织而成的起绒机织物，如图4-14所示。

▲ 图4-14 长毛绒

① 结构特点：机织长毛绒有3组纱线交织而成，地经、地纬用棉纱，起毛经纱用精纺毛纱，采用双层制造法织成。

② 种类：长毛绒分为纯毛长毛绒和羊毛与人造毛混纺的混纺长毛绒两种。

③ 织物风格：绒面平整，具有密集的毛纤维覆盖，绒面光泽柔和明亮，手感柔软而有温暖感，质地厚实。

④ 应用：冬季女装、童装、帽子及衣领等服饰配件，也可作为衣里用料。

（4）驼绒 驼绒属于粗梳毛纱与棉纱交织的起绒针织物。

① 结构特点：用棉纱织成地布，粗梳毛纱织成绒面，再经拉毛起绒工序。

② 种类：按外观分有美素驼绒、华素驼绒、条子驼绒。

③ 织物风格：质地松软，手感厚实而富有弹性，绒面丰满，保暖性好，成衣性好，伸

缩性好，穿着舒适。

④ 应用：冬季服装衬里，童装、大衣面料等。

四、丝织物

丝织物又称丝绸织物，是衣料中的高档品种，主要指以天然蚕丝为原料织成的纯纺、混纺或交织面料。我国用蚕丝制成的丝绸织物已有数千年的历史，而且畅销国内外。我国的丝绸织物具有独特的民族风格和精湛的丝绸工艺技艺。

1. 丝绸织物的主要特征

（1）柔软滑爽、高雅华丽　蚕丝的化学成分主要是丝素和丝胶。丝素是白色半透明的纤维，有很好的强力、拉伸力和明亮的光泽。经过精炼的生丝脱去大部分丝胶后，就呈现出天然的高雅悦目的光泽。用蚕丝织成的织物就显得柔软滑爽，高雅华丽。

（2）色泽鲜艳、光彩夺目　桑蚕丝具有独特的光泽，表面越清洁，光泽也越强。由于蚕丝具有良好的天然光泽，当染色和印花时，纤维对染料具有较强的亲和力，织物表面就呈现五彩缤纷、豪华富丽的光泽。

（3）吸湿性好、耐热性能良好　在一般情况下，蚕丝的回潮率为7%～9%，吸湿饱和时可达30%，能吸收人体排出的湿气，穿着感到凉爽舒适。蚕丝在纺织纤维中耐热性较高，到280℃时才会对蚕丝造成真正损害。

（4）耐光性、耐水性和耐碱性差　蚕丝属于蛋白质纤维，阳光中的紫外线对蛋白质有很强的破坏作用，使丝脆化。如连续在日光下照射200小时，强力会下降50%左右，延伸度也会下降30%左右，色泽也会变黄。因此丝织物不宜在日光下暴晒。蚕丝在水中会膨胀、变粗，体积增大，经常洗涤也容易失去丝纤维的天然光泽。故丝织物不宜多洗涤。蚕丝对碱比较敏感，遇碱会膨化溶解。所以洗涤丝织物不能用碱性肥皂和洗涤剂，要选择中性洗涤剂。

2. 丝织物的分类

（1）按所用原料分

① 真丝绸：指用桑蚕丝为原料制作的丝绸。

② 柞丝绸：是指用柞蚕丝为原料或是以柞蚕丝为主制作的丝绸。

③ 绢丝绸：用绢纺丝做原料的丝织物。

④ 人丝绸：经纬均采用黏胶人造丝制成的丝绸。

⑤ 合纤绸：合纤长丝制成的丝绸。

⑥ 交织绸与混纺绸：用人造丝或天然丝与其他纤维混纺或交织的仿丝绸织品。

（2）按组织结构及外观形态分　首先以丝绸的组织结构为主要根据，其次是以生产工艺为依据，丝绸织物分为十四大类，即纺、绉、绸、缎、绢、绫、罗、纱、绡、葛、呢、绒、绨、锦类等。

（3）按用途分　按用途分为衣着用绸、装饰用绸、工业用绸、国防用绸。

3. 常用丝织物品种介绍

（1）纺类　纺指质地轻薄坚韧、绸面细洁的平纹丝织物，采用桑蚕丝、绢丝和人造丝为原料，其经纬丝一般不加捻或加弱捻。

电力纺　电力纺是采用桑蚕丝织成的纺绸，如图4-15所示。

① 结构特点：经纬纱采用2.2 ~ 2.4tex的桑蚕丝2 ~ 3根并合而成。采用平纹组织，经密500 ~ 640根/10cm，纬密379 ~ 450根/10cm。

② 种类：重磅纺70g/m²，轻磅纺20g/m²。

③ 织物风格：质地轻薄，柔软滑爽，光泽自然，富有桑丝织物的独特风格。

④ 应用：做男女衬衫、裙类和里子料，轻磅纺还可作头巾、窗帘等。

▲　图4-15　电力纺

杭纺　杭纺主要产于浙江省杭州市，故得名杭纺。

① 结构特点：经纬纱均采用5.6 ~ 7.8tex×3的蚕丝，平纹织成。经密为421 ~ 447根/10cm，纬密为314 ~ 324根/10cm。

② 织物风格：绸面平整，手感滑爽，质地厚实，色泽柔和自然，穿着舒适凉爽。

③ 应用：男女衬衫、裙料、裤料。

绢丝纺

① 结构特点：经纬纱均采用4.76tex×2或7.14tex×2的绢丝线，平纹组织，经密为400根/10cm，纬密为300根/10cm左右。

② 织物风格：桑丝绢纺质地轻薄，光泽悦目，手感柔软，本色呈淡黄色。柞丝绢纺色泽比桑绢丝黄，绸面光滑，坚牢耐用，但滴水易形成水渍。

③ 应用：夏季服装衣料。

尼龙纺　尼龙纺使用锦纶长丝织成的纺绸，又称尼丝纺，如图4-16所示。

① 结构特点：经纬一般用3.3tex 或7.8tex的锦纶丝。经纬纱不加捻，一般采用平纹组织。

② 种类：尼龙纺有薄型、厚型两种。薄型的为$40g/m^2$，厚型的为$80g/m^2$。

③ 织物风格：表面光滑细洁，质地坚韧，耐磨性和牢固度高。

④ 应用：服装和高级装饰性包装材料，经涂层整理后可制作滑雪衣、雨衣、伞面等。

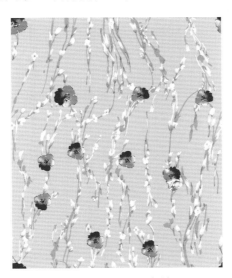

▲　图4-16　尼龙纺

富春纺　富春纺是用黏胶人造丝与人造棉纱交织的纺绸。

① 结构特点：经丝采用有光或无光人造丝，纬丝采用有光人造棉纱，采用平纹织成，经密大于纬密。

② 织物风格：绸面光洁，绸身柔软，手感滑爽，穿着舒适，光泽艳丽美观。

③ 应用：服装、被套、里料等。

（2）绉类　绉类是指运用不同的组织结构和不同的生产工艺使织物表面产生绉缩的平纹丝织物。其外观呈现不同的皱纹，手感柔软而富有弹性，光泽柔和，抗皱性能好，经纬采用不同的捻度，原料采用桑蚕丝和人造丝。

双绉　双绉以采用桑蚕丝为原料，经丝采用弱捻或不捻的生丝，纬丝采用强捻的生丝，每两根左捻、两根右捻依次交替织成的织物。

① 结构特点：采用2.2 ～ 2.4tex的生丝作经，4.4 ～ 4.8tex的生丝作纬，采用平纹组织。经密590 ～ 640根/10cm，纬密380 ～ 400根/10cm。

② 织物风格：光泽柔和，手感柔软，穿着舒适，表面具有隐约的细绉纹。

③ 应用：女裙、衬衫。

碧绉　碧绉亦称单绉、印度绸，是采用螺旋形捻丝作纬织成的丝织物。

① 结构特点：采用平纹组织，织法同双绉，不同之处在于纬丝采用三根捻度不同的丝抱合成线，从单方向织入。

② 种类：从织物的外观分有素色碧绉、条子碧绉和格子碧绉等；从原料分有桑蚕丝和人造丝或尼龙丝交织的交织碧绉。

③ 织物风格：织物表面具有均匀分布的螺旋状皱纹，光泽柔和，手感滑爽，质地柔软，富有弹性。

④ 应用：夏季衣料。

留香绉　留香绉是具有民族特色的交织绸。

① 结构特点：经纱用有光人造丝及蚕丝，纬纱用三合股强捻蚕丝，组织多采用平纹提花组织或绉纹提花组织。

② 织物风格：质地柔软，色彩鲜艳夺目，地组织光泽柔和，提花花形饱满，光亮明快。花纹雅致，以梅、兰、蔷薇为主。

③ 应用：妇女春秋服装活动季服装、少数民族服装、舞台戏装等。

（3）绸类　无其他特征的丝绸织品均属于绸类织物。多采用平纹、斜纹及变化组织织造，称为质地细密的薄型丝织物。

塔夫绸

① 结构特点：以2.2～2.4tex的生丝为原料，采用平纹组织。经密800根/10cm，纬密450根/10cm。

② 织物风格：质地紧密，绸面细洁光滑，光泽自然柔和，不易沾污。

③ 应用：各式女装，节日礼服，羽绒服，羽绒被面及服装配件、头巾、伞面等。

花线春

① 结构特点：使用平纹织成的纯桑蚕丝织物，织物表面提小花，经纬全用生丝或生丝与绢丝交织而成。

② 织物风格：花纹朴实，质地厚实坚韧，正面起亮花，反面花色稍暗。

③ 应用：适宜男女老年人冬季棉袄用料。

绵绸

① 结构特点：绵绸是用绢丝为原料，条干粗细不均，以平纹组织为主。

② 织物风格：质地厚实坚牢，富有弹性，但绸面不平整，不如其他丝绸具有天然光泽，杂质多，手感黏柔粗糙。

③ 应用：主要用途是做上衣料。

双宫绸

① 结构特点：以双宫丝作纬丝织成的平纹丝织物。

② 织物风格：织物表面呈现明显的不规则雪花状疙瘩，质地厚实，手感粗糙。

③ 应用：男女衬衣、外套等。

柞丝绸

① 结构特点：是平纹组织的纯柞蚕丝织物。

② 织物风格：吸湿和散湿能力强，绸面略显闪光，素雅大方，坚韧耐穿。缺点是落水有痕迹，日久泛黄。

③ 应用：男女衬衣、外套等。

（4）缎类　缎是指采用缎纹组织制成的手感光滑柔软、质地紧密厚实、外观富丽、色泽鲜艳的丝织物。原料多为桑蚕丝和人造丝。

绉缎

① 结构特点：经线通常用生丝两根并和丝，纬线用三根生丝强捻线，并采用两左两右捻向相间打纬。

② 种类：有素织和花织两种，以素织为主。

③ 织物风格：绸面平整柔滑，有隐约的细皱纹，质地紧密坚韧。

④ 应用：素软缎适宜印花加工，是印花丝绸中的畅销品种之一。

九霞缎　九霞缎是五枚缎纹地组织或四枚斜纹地组织的提花织物。织后染色。

① 结构特点：经丝多用生丝两根并和线，纬丝用生丝四根的捻和线，也采用两左两右捻向。

② 织物风格：九霞缎绸身柔软，质地坚韧，花纹华丽鲜明，色泽灿烂夺目。

③ 应用：主要用途为少数民族服饰用绸。

素软缎和花软缎　素软缎和花软缎是桑蚕丝与人造丝交织的织物。

① 结构特点：经纱用生丝，纬纱用有光人造丝。

② 织物风格：素软缎质地柔软，色泽鲜艳，高雅大方，洁净无花。花软缎以牡丹、月季、菊花等花卉为主，色泽鲜艳，花纹突出，层次分明，立体感强，质地柔软。

③ 应用：素软缎适宜做男女衬衣、舞台服装和刺绣、印花等艺术加工的坯料。花软缎适宜做旗袍、晚礼服、棉袄、儿童披风和斗篷等。

织锦缎和古香缎　织锦缎和古香缎是丝织品中织制最精巧、复杂的品种，是在我国古代锦的基础上发展的品种，如图4-17和图4-18所示。

① 结构特点：经纱用蚕丝，纬纱采用有光黏胶丝，采用纬三重经面缎纹提花组织。

② 织物风格：花纹细腻，质地厚实紧密，色泽绚丽悦目，颜色一般在三色以上。织锦缎图案以梅、兰、竹、菊、龙凤呈祥、福寿如意等花卉图案为主；古香缎则以亭台楼阁、花鸟虫鱼或人物故事为主。

③ 应用：旗袍、礼服、睡衣、女式高级服装，也适用于领带或室内软装潢等。

▲ 图4-17　织锦缎

▲ 图4-18 古香缎

（5）绢类 绢类是应用平纹或重平组织，经纬先染成单色或复色后再熟织的花素织物。

① 结构特点：经丝加弱捻，纬丝不加捻。

② 种类：分为天香绢和挖花绢两种。

③ 织物风格：质地较轻薄，绸面细密、平整、挺括。

④ 应用：适宜用作妇女冬季棉袄面料。

（6）绫类

① 结构特点：绫类是用各种经面斜纹组织为底纹的花素组织。一般采用两上两下斜纹组织。

② 种类：分为广陵和土绸绫。

③ 织物风格：质地轻薄柔软，光泽明亮悦目。

④ 应用：衬衫、连衣裙或装饰用饰物。

（7）罗类 两组经纱和一组纬纱制成的表面呈现条状纱孔的丝织物。代表品种是杭罗。

① 结构特点：采用平纹组织和纱罗组织交替织成。

② 种类：分为直罗和横罗，若纱孔在织物表面呈横向走向为横罗；若纱孔在织物表面呈纵向走向为直罗。

③ 织物风格：绸身紧密结实，挺括滑爽耐洗涤、耐穿，通风透凉。

④ 应用：夏季男女衬衫。

（8）纱类 采用加捻桑丝线织成透明轻薄略有起皱的丝织物。

乔其纱

① 结构特点：采用2.2 ~ 2.4tex的2股或3股强捻丝作经纬纱，即经纬纱捻向排列均为

2S、2Z，采用平纹组织。

② 织物特点：绸面具有细微的、均匀的绉纹和细纱孔。质地轻薄稀疏，悬垂性好，轻盈飘逸，弹性好，是丝绸织物中较轻薄的一种。

③ 应用：裙类、衬衫、舞台服等。

莨纱　亦称香云纱。

① 结构特点：采用3.1 ~ 3.3tex的桑丝、2.2 ~ 2.4tex的桑丝两和股强捻纱作经纱，以2.2 ~ 2.4tex的六根桑丝加捻作纬纱，并以平纹地组织提花织成坯纱，再经烤制处理而成。

② 织物风格：其色泽油亮，多为黑色，防水性好、绸身爽滑、轻快透凉、挺括利汗，但不能折叠。

③ 应用：适于夏季旗袍、衬衫、便服等。

（9）绡类　绡类是采用平纹、缎纹组织或经纬平行交织的其他组织而构成，由似纱组织孔眼的花素织物。经纬密度较小，质地轻薄透明。经纬丝加捻与不加捻均可。

真丝绡

① 结构特点：其经纬纱全用2.2−2.4tex的蚕丝加单向强捻织造的而成的平纹织物，然后经树脂整理即可形成绡。

② 织物风格：质地细薄、透明度好、手感挺滑。

③ 应用：适于作婚礼服、芭蕾舞衣裙、时装及童装等衣料。

尼龙丝绡

① 结构特点：经向用 1.7tex、2.2tex 单纤尼龙丝以平纹织成。

② 织物风格：其质地细薄透明、挺括、坚牢耐用，但舒适感差。

③ 应用：适于作头巾、童装等衣料。

（10）葛类　葛类属于桑丝与人造丝交织物，或用全蚕丝合股线为经纬织成，绸面反身起缎被，是具有明显横向凸纹的花素丝织物。主要用作男女棉衣料、沙发面、窗帘、靠垫用料等。

特号葛

① 结构特点：采用2.2 ~ 2.4tex两合股线为经、纬向，以2.2 ~ 2.4tex四股线用平纹组织提缎纹花织成。

② 织物风格：质地柔软、花纹美观、坚韧耐穿，但不宜多次洗涤的织物风格。

③ 应用：适用于春秋冬季各式男女便服，也是少数民族及港澳地区同胞主要消费的衣料之一。

兰地葛

① 结构特点：是以2.2 ~ 2.4tex的蚕丝作经，纬向用13.2tex人丝的交织物。绸面呈现不规则的细条罗纹和轧花的特殊风格。

② 织物风格：质地平挺厚实，有高雅文静之感。

③ 应用：适于男女便装、外衣等。

（11）呢类

① 结构特点：采用平纹组织或绉组织，或用其他各种混合变化组织。

② 织物风格：外观粗犷，质地厚实而富有弹性，光泽不明显。

③ 种类：有大伟呢和四维呢两种。

④ 应用：主要应用中老年人冬季服装用料、秋冬季女装、装饰布等。

（12）绒类 绒是桑蚕丝和人造丝交织的起毛织物，其外表面有耸立的或平卧的紧密绒毛或绒圈，质地丰厚而有弹性，色泽鲜艳，外观类似天鹅绒。

乔其绒

① 结构特点：采用2.2 ～ 2.4tex×2的强捻生丝作地经，13.2tex×2的有光人造丝做绒经，纬向采用2.2 ～ 2.4tex×2的强捻生丝，以经起毛组织织成交织绒坯双层绒坯经割绒后成为两块织物。

② 织物风格：质地厚实，色泽鲜艳明亮，有富贵华丽之感，悬垂性好。

③ 应用：用于女装、礼服等。

金丝绒

① 结构特点：地经用2.2 ～ 2.4tex的生丝，起绒经纱用13.2tex的有光人造丝，纬向用13.2tex的人造丝织成的双层织物。

② 织物风格：绒面绒毛浓密，并成顺向倾斜，质地坚牢，富有弹性。但不及其他绒类平整。

③ 应用：女装、少数民族服装、帷幕等。

（13）绨类 绨类是用黏胶丝作经，棉纱、蜡线或其他低级原料作纬，质地比较粗厚的花素织物。主要用于低档男女衣料用绸。

（14）锦类 锦是我国传统高级多彩提花丝织物，是丝绸织品中最精美的产品。原料用真丝和人造丝，其质地紧密厚实，手感光滑，外观绚丽多彩，花纹高雅大方。一般来讲，三色以上的缎纹丝织物称为锦。

蜀锦 蜀锦是产于四川省的一种缎纹提花组织，具有浓郁的民族特色。

① 结构特点：采用缎纹地提花。

② 织物风格：组织紧密，色彩鲜艳，制造精良，图案有团花、莲花、对禽、对兽等，品种繁多，十分精美。

③ 应用：高级服饰、少数民族服装及舞台表演服装、西装、腰带、领带装饰用绸。

云锦 云锦是产于江苏省南京市的传统提花多彩丝织物，因其富丽豪华、花纹绚丽如云而得名。

① 结构特点：采用缎纹地提花。

② 种类：主要有妆花缎、库锦和云锦三大类。

③ 织物风格：妆花缎是云锦中最华丽并具有代表性的产品，也是我国古代织锦技术最高水平的代表，其花纹变化多样，图案组合和配色方法独特，层次分明，色彩协调。库锦表面金光闪烁，银光灿烂。云锦图案布局严谨庄重，色彩鲜艳，质地紧密。

④ 应用：高级服装及其其他装饰用。

宋锦 宋锦是模仿宋朝锦缎风格织造的传统织品。

① 结构特点：采用缎纹地提花。

② 织物风格：纹样风格秀丽，配色典雅和谐，手感柔软，色泽光亮，织造精美。

③ 应用：书画装帧、舞台官员服装及少数民族服装。

第二节　化学纤维面料

一、再生纤维素纯纺及混纺面料

1. 再生纤维素纤维织物的主要特性

再生纤维素织物主要以黏胶纤维织物为主，还有醋酯纤维、富强纤维、铜氨纤维等。黏胶纤维织物主要有以下特性。

① 黏胶纤维织物的性能类似棉织物，具有较好的吸湿性、透气性，手感柔软，穿着舒适，有丝绸织物的效应。

② 染色性能好，面料的颜色鲜艳，色谱全。

③ 光泽度好，尤其是人造长丝织成的织物有近似丝织品的光泽。

④ 黏胶纤维织物的抗弯刚度小，弹性及弹性回复率差，织物不挺括，尺寸稳定性差。

⑤ 黏胶纤维织物在湿态下强力下降50%左右，遇水后手感变硬，因此在洗涤时不宜用力揉搓。

⑥ 织物的缩水率较大，故在裁剪时先落水。

富强纤维织物的强力较黏胶纤维织物大，弹性也比黏胶纤维织物好，不易起皱，并且缩水率小。

2. 各种黏胶织物的风格特征及其适用性

（1）人造棉织物　指以100%的棉型黏胶纤维为原料，采用平纹组织织成的人造棉布。主要品种如下。

① 人造棉平布

a. 结构特点：采用0.13 ~ 0.17tex的普通黏胶纤维纺纱，以平纹组织织成，经密为236 ~ 307根/10cm，纬密为236 ~ 299根/10cm。

b. 种类：人造棉细平布、中平布、人造棉花布。

c. 织物风格：织物质地均匀细洁，色泽艳丽，手感滑爽，穿着舒适，透气及悬垂性均较好。但保型性及耐用性较棉布差，价格便宜。

d. 应用：夏季女裙、衬衫、冬季棉衣、童装等衣料。

② 人造棉色织布

a. 结构特点：以14tex×2 ~ 28tex×3的股线作经纬纱，以平纹、斜纹、缎纹或变化组织织成的各种花纹、条格及花式线织物。

b. 织物风格：手感厚实柔滑、稍有毛感、色泽鲜艳、美观大方、经济实惠。

c. 应用：春秋季女士衣裙、外套、夹克衫、童装等。

③ 富纤布

a. 结构特点：用棉型富纤维原料，以平纹斜纹组织织成。

b. 种类：富纤细布、富纤斜纹布、富纤华达呢。

c. 织物风格：与黏胶纤维织物相比，色泽鲜艳度较差，手感挺滑，抗皱性稍好，坚牢耐用，缩水率小。

d. 应用：主要用于夏季服装、童装等衣料。

（2）人造丝织物　指以人造丝纯纺或与富强纤维、黏胶纤维等、棉纤维等各种纤维交织的丝绸织物。主要品种如下。

① 人造丝无光纺

a. 结构特点：经纬向均采用13.3tex的无光人造长丝为原料而织成的平纹绸类织物。

b. 织物风格：密度较稀，比绸稍薄，手感柔滑，表面光洁，色洁白而无亮光，以淡雅为主格调，穿着凉爽。

c. 应用：夏季男女衬衫、西装、围巾等。

② 美丽绸

a. 结构特点：经纬向均采用13.3tex的有光人造长丝为原料而织成，采用三上一下斜纹组织。

b. 织物风格：织物表面平滑，正面明亮而有斜向纹路，反面暗淡无光，手感滑爽。

c. 应用：主要用作呢绒服装里料。

③ 富丝（春）纺

a. 结构特点：用16.7tex的有光人造丝作经、棉型富纤纺成20tex左右的纱线作纬，织成经密比纬密约大一倍的平纹织物。

b. 织物风格：印花色泽艳丽明快，布面光洁，稍有横向粗纹，富丝纺手感挺爽而富春纺手感较为柔软。

c. 应用：主要用于棉衣面料、童装、婴幼儿斗篷、褓褓等用料或夏季女衣裙、衬衫、时装等衣料。

④ 羽纱

a. 结构特点：经向采用13.3tex的有光人造长丝，以14tex×2的棉纱作纬纱的斜纹组织织物。

b. 织物风格：质地坚牢、厚实耐磨、布面柔滑挺实、光泽比美丽绸稍暗。

c. 应用：主要用作服装里料。

（3）黏胶纤维混纺织物

① 黏/棉混纺布

a. 结构特点：采用黏棉50/50、63/37混比的纱织成的平布。

b. 织物风格：布面平整，耐磨性及吸湿性、悬垂性均优于棉布。

c. 应用：夏季女裙、童装、时装等衣着面料。

② 毛/黏混纺布

a. 结构特点：采用70/30混比的精梳毛纱，斜纹组织织成。经密比纬密大一倍。

b. 织物风格：色泽更为鲜艳，但挺括度和身骨较差，价格便宜。

c. 应用：主要用于制作制服、职业服，中低档的外用服装。

③ 黏/锦混纺布

a. 结构特点：用85/15或75/25的毛型黏胶纤维与毛型锦纶纤维混合纺纱，采用两上两下的斜纹组织织成。

b. 种类：有黏/锦华达呢和黏/锦哔叽两种。

c. 织物风格：与纯毛华达呢相比，表面纹路清晰，色泽较鲜艳明亮，耐磨坚牢度好，手感柔软，弹性、身骨较差，易褶皱，比例大，成衣尺寸造型稳定性欠佳，湿态强度较差，价格低廉。

d. 应用：作为一般中低档面料使用。

二、涤纶织物

1. 涤纶织物的主要性能特点

（1）涤纶织物具有较高的弹性和强度。它不仅坚牢挺括，而且具有良好的免烫性。

（2）涤纶织物吸湿性差，织物易洗快干。

（3）涤纶织物的通透性差，穿着有闷热感，易产生静电和吸附灰尘，抗熔性较差，接触烟灰、火星立即形成空洞，且易起毛起球。

（4）涤纶织物具有良好的耐磨性和热塑性，所做服装其褶裥及保型性好。

（5）涤纶织物抗微生物能力强，不虫蛀，不霉烂，易保管。

为改善涤纶的不良性能，多用于和天然纤维与再生纤维混纺。

2. 涤纶纯纺与混纺面料的品种、风格特征及用途

（1）棉型纤维涤纶织物

① 涤/棉混纺织物

a. 品种：涤/棉府绸、涤/棉麻纱、涤/棉泡泡纱、涤/棉烂花布、涤/棉剪花布。

b. 织物风格：具有纯棉织物的风格特征，且比棉织物更加挺括、滑爽，立体感强，耐用性能提高。

c. 应用：用于夏季衬衣、裙子，男女上衣等。

② 涤/麻、涤/腈、涤/黏巴拿马

a. 结构特点：采用平纹和方平组织。

b. 织物风格：织物风格粗犷，质地厚实，松挺，有较好的透气性。耐磨性能好。

c. 应用：经染色、树脂整理后，易做中档西服、男女夹克衫和牛仔裤等的面料。

③ 涤纶仿麻织物：薄型仿麻产品是采用50%的改型涤纶和50%的普通涤纶加强捻，利用捻线的喂入速度不同形成捻度不均、成纱条干有粗有细的特殊结构，制成织物后手感既爽又柔，穿着舒适，是夏季服装面料和时装面料。

④ 涤/麻细纺：织物手感挺爽，透气性好，穿着舒适、凉爽。适于夏季男女衬衣面料。

⑤ 涤/黏混纺织物：织物吸湿性好，尺寸稳定性好，耐磨性好，易洗快干，手感滑爽，

质地柔软。适于制作夏季衬衣、裙子等。

（2）涤纶仿毛织物　涤纶仿毛织物主要为精纺仿毛织物，其价格均比同类毛织物便宜。

① 涤弹哔叽和涤弹华达呢

a. 结构特点：采用低弹涤纶长丝，以两上两下或三上一下斜纹织成，经过松式整理加工或树脂整理加工后获得的仿毛织物。

b. 织物风格：织物具有较好的毛型感，外观纹路清晰、弹性极好、抗静电、抗起毛、起球性好，但在穿着的过程中易钩丝影响服装的外观。

c. 应用：适用于作中低档外用服装面料。

② 涤弹条花呢

a. 结构特点：采用黏胶长丝做嵌条线，用平纹和变化组织，经松式整理和树脂整理加工。

b. 织物风格：其外观风格特征极似毛涤花呢，手感滑糯，毛感强，抗静电，抗起毛、起球性均好，不易钩丝。

c. 应用：适宜制作中档西服、女套裙等服装面料。

③ 涤弹网络丝仿毛织物

a. 结构特点：是采用在丝条上具有密集结点的低弹网络丝为原料制成平纹、斜纹、花色织物等仿毛产品。

b. 织物风格：与全毛织物相比，具有挺括厚实，其外观与手感类似毛织物，并且坚牢耐用及易洗免烫、方便实用、价格低廉。

c. 应用：适于作男女西服、女裙、童装等衣料。

d. 涤纶中长化纤混纺仿毛织物：主要有涤黏华达呢及涤腈隐条呢两种。

涤/黏华达呢（仿毛华达呢）

a. 结构特点：以中长型涤纶与中长型黏胶纤维以65%与35%或55%与45%的比例混纺成纱织成，再经树脂整理而成为仿毛华达呢织物。

b. 织物风格：挺括、抗皱、免烫、具有毛型感、有弹性。但湿强较低，价格便宜。

c. 应用：中低档面料，适用于中山装、西裤、风衣、学生装、工作服等。

涤/腈隐条呢

a. 结构特点：采用涤腈以60/40的比例成纱制成的仿毛织物。

b. 织物风格：手感类似于毛涤隐条呢，挺括，成衣变形小，易洗快干，免烫保形，缩水率小，但耐磨牢固度较差。

c. 应用：适用于春秋季女用套裙、西裤、夹克衫、西服套装等衣料。

（3）涤纶仿丝绸织物

① 仿丝绉

a. 结构特点：采用一行涤纶长丝或与细旦涤纶交织而织成的顺纤绉、双绉、聚灵绉等涤纶仿绉织物。

b. 织物风格：绉纹细密丰满、光泽柔和自然，比真丝绉富有弹性且质地牢固耐用、易洗免烫，虽悬垂飘逸但不凉爽，价格较低。

c. 应用：适于作裙衣、衬衣、便服及冬季棉衣面料等一般服装衣料。

② 仿丝绸

a. 结构特点：采用圆形涤纶或异性涤纶长丝作经纬纱交织成坯绸，再经染整碱减量加工后而获得的薄型丝织物。

b. 织物风格：具有质地轻薄悬垂性好、绸面平整柔滑、光泽柔和自然，类似真丝绸高雅的外观风格。但穿着舒适性较差，价格便宜。

c. 应用：适用于夏季女衬衫、便服、女用衣裙、舞台服装等衣料。

③ 仿丝缎

a. 结构特点：采用半无光和异型有光长丝以缎纹或提花组织织成，或利用部分轧花加工获得涤纶仿丝缎织物。

b. 织物风格：其外观风格类似于真丝提花缎织物，缎面丰满、手感柔滑、光泽柔和自然且富有弹性。

c. 应用：适于作夜礼服、婚礼服、春秋便服、冬季棉衣面料、围巾等服饰用品。

④ 涤纶纬长丝仿丝绸

a. 结构特点：采用65/35的涤纶/棉纱为经，涤纶圆形或异型长丝做纬，以小提花、大提花或平纹组织增加其丝绸光泽及闪烁仿丝效果。

b. 织物风格：质地轻薄、手感软滑、光泽晶莹、色泽柔和，既保持了涤棉织物的挺括、免烫牢固的特点，又具有丝绸轻、薄、滑、悬垂、透气的优良性能。穿着美观大方，价格便宜。

c. 应用：适于作夏季男女衬衫、衣裙等服装衣料。

⑤ 涤纶交织绸：指经向以涤纶长丝为主要原料，纬向以其他纯纺或混纺纱为原料的轻薄交织纺绸织物。

涤尼绸

a. 结构特点：经向采用涤纶纱与变形锦纶，异性丝并合加捻线，纬向用涤棉混纺纱和涤纶丝捻和成股线，原料混比涤/棉/尼62/27/11，以平纹组织织成的交织绸织物。

b. 织物风格：质地轻薄、绸面闪闪发光，手感挺滑、穿着有闷热感。

c. 应用：是男女外用服装之理想衣料。

涤爽绸

a. 结构特点：经向采用加捻涤长丝，纬向用涤棉65/35混纺股线交织而成的仿绸织物。

b. 织物风格：质地轻薄、手感滑挺爽利，比纯涤丝绸穿着舒适。

c. 应用：适于作夏季男女西裤、便服等衣料。

(三) 锦纶织物

锦纶以它优异的耐磨性和质轻的良好服用性能存在于合成纤维衣料之中，常用的羽绒服和登山服衣料以锦纶织物为最佳。

1. 锦纶织物的服用性能

① 锦纶织物的耐磨性能居所有纺织纤维之首。其强度也很高，因此锦纶纯纺和混纺织物均具有良好的耐用性。

② 吸湿性是合成纤维中最好的，故其穿着的舒适性和染色性要比涤纶织物好。

③ 除丙纶和腈纶织物外，锦纶织物较轻，穿着轻便。

④ 锦纶织物的弹性和弹性回复性极好，但在小外力下易变形。

⑤ 耐热性和耐光性均差，在使用过程中要注意洗涤熨烫和服用条件，以免损坏。

2. 各种锦纶织物的风格特征及其适用型

（1）锦纶纯纺织物

① 锦纶塔夫绸

a. 结构特点：采用锦纶长丝作经纬纱织成密度较大的平纹织物，经摩擦轧光或进行聚氨酯涂层整理。

b. 织物风格：织物表面特别光亮，并具有防水、耐磨、坚牢、手感柔软、质轻的特点。

c. 应用：主要用作羽绒服面料，亦可作服装里料使用。

② 锦纶绉

a. 结构特点：用半光锦纶加捻丝作经，半光锦纶不加捻丝作纬织成的织物。

b. 织物风格：表面有细致皱纹，轻薄挺爽，保型性好，坚牢耐用。

c. 应用：为夏季衣裙、衬衫或冬季棉衣的理想用料。

③ 尼丝纺

a. 结构特点：用锦纶长丝制成的仿绸织物。

b. 织物风格：表面细结光滑，质地坚韧，弹性和强力好。

c. 应用：经涂层整理，可用作滑雪衣、雨衣、雨伞等面料。

（2）锦纶纯纺及交织物

① 尼棉绫

a. 结构特点：用锦纶长丝做经，丝光棉线做纬，以三上一下的斜纹织成具有特殊外观的仿丝织物。

b. 织物风格：正面闪红光，丝光闪亮别具一格，质地牢固挺滑。

c. 应用：常用于女性外衣面料。

② 锦黏毛花呢

a. 结构特点：采用毛型黏胶、锦纶短纤维与羊毛按一定的比例40/40/20混纺成纱，以平纹组织用不同的捻向和三种原料不同的染色性能加工成各种隐条、隐格或混色织物。

b. 织物风格：色泽比全毛花呢鲜艳，弹性身骨有毛感，价格仅为全毛花呢的一半。

c. 应用：可制作男女外衣及套服。

四、腈纶织物

1. 腈纶织物的服用性能特点

① 腈纶有合成羊毛之称，其弹性与蓬松度可与天然羊毛媲美，但不如羊毛持久。腈纶

织物不仅挺括抗皱，而且保暖性较好，其保暖性比同类羊毛织物高15%左右，是制作毛毯及人造毛皮和仿毛毛线的良好材料。

② 腈纶织物的耐光性具各种纤维之首，因此，腈纶织物为户外服装、运动服等理想衣料。

③ 腈纶织物色泽艳丽，且具有较好的耐热性。

④ 腈纶织物较轻，又因具有较好的保暖性，又是理想的冬季服装填料。

⑤ 腈纶织物的吸湿性较差，穿着有闷热感，舒适性较差。

⑥ 腈纶织物的耐磨性较差，是化纤织物中耐磨性最差的产品。

2. 各种腈纶织物的风格特征及其服装的适用性

（1）纯纺织物

① 腈纶膨体大衣呢

a. 结构特点：采用腈纶膨体纱为原料，以平纹、斜纹组织织成条格、混色织物。

b. 织物风格：织物表面有绒毛，手感柔软，具有较好的弹性和蓬松性，质地厚实丰满，花型雅致，色泽鲜艳大方，保暖性好。

c. 应用：宜于做秋冬大衣、女性两用衫、背心等面料。

② 腈纶女式呢

a. 结构特点：采用毛型腈纶纤维，以精梳工艺加工成纱织成。

b. 织物风格：色泽艳丽、手感柔软、富有毛感、不松不烂、质轻保暖。

c. 应用：是春秋冬季女装面料。

（2）腈纶混纺织物

① 腈/黏华达呢

a. 结构特点：采用毛型腈纶和毛型黏胶纤维以50/50混纺比纺成的纱织而成。

b. 织物风格：色泽鲜艳、纹路清晰、柔软、保暖性好、有毛型感，但弹性与耐磨性均较差。

c. 应用：适用于春秋季服装面料。

② 腈/涤花呢

a. 结构特点：以腈涤40/60混比成纱，按不同的外观要求以平纹、斜纹组织加工成仿毛花呢。

b. 织物风格：外观挺括、易洗快干、牢固免烫，但舒适性较差。

c. 应用：适于作男女外衣、西服、套裙等服装衣料。

③ 腈/毛条花呢

a. 结构特点：以腈/毛55/45或70/30混比成纱，以棉线做经向嵌条线，或以不同组织变化而形成条花风格。

b. 织物风格：手感柔软蓬松，毛感较强，外观极似纯毛条花呢，价格便宜。

c. 应用：适于作男女西服套装等中档服装衣料。

（3）腈纶交织物

腈纶驼绒

① 结构特点：以棉纱做底，腈纶膨体纱为绒面拉绒纱的针织坯布，经拉毛及整理加工而成为腈纶拉绒织物。

② 织物风格：绒面蓬松细密、轻柔保暖，洗涤方便，但耐磨性差，穿后绒毛易被磨损，价格比纯羊毛驼绒便宜，色泽鲜艳。

③ 应用：适于作冬季衣里衬，也是童装大衣理想面料。

五、维纶织物

维纶有合成棉花之称，但由于它的染色性和外观挺括性不好，至今只作为棉混纺布的内衣面料。其品种较单调，花色品种不多，

1. 维纶织物的服用性能特点

① 维纶织物的吸湿性在合纤织物中较好，而且坚牢，耐磨性能好，质轻舒适。

② 染色性及耐热性差，织物色泽不鲜艳，抗皱挺括性也差，故维纶织物的服用性能欠佳，属于低档衣料。

③ 耐腐蚀、耐酸碱、价格低廉，故一般多用于做工作服和帆布。

2. 各种维纶织物的风格特征及其适用性

（1）维/棉平布

① 结构特点：采用维棉50/50、33/67混纺成普梳纱织成的平纹布，匹染后称混色风格。

② 织物风格：质地坚牢，柔软舒适，价格便宜。

③ 应用：适于作内衣、便装、童装，本白色多用作兜布、里衬等。

（2）维/棉哔叽（华达呢）

① 结构特点：采用与维/棉平布相同的纱支织成的哔叽或华达呢类织物。

② 织物风格：质地厚实，坚牢耐穿，柔软舒适。外观似棉布。

③ 应用：适于做工作服。

六、丙纶织物

丙纶织物是近几年发展起来的合纤衣料，它以快干、挺爽、价廉的优点受到消费者的欢迎，丙纶产品织物已由一般的细布向毛型感、高档化、多品种方向发展。

1. 丙纶织物的服用性能特点

① 丙纶与同类面织物相比，仅为其重量的3/5，是最轻的原料品种。因此，丙纶织物也

属于轻装面料之一。

② 丙纶织物的耐磨性及强度好，坚牢耐用。外观挺括，尺寸稳定性好。

③ 丙纶织物的吸湿性极小，基本上不缩水。用料省，但舒适性差。染色性能差。

④ 丙纶织物的耐热性差，不宜高温熨烫，否则收缩硬化。

⑤ 耐腐蚀，但不耐光，洗后不宜暴晒。

2. 各种丙纶织物的风格特征及其适用性

（1）棉/丙细布

① 结构特点：采用棉丙50/50混纺纱织成的平纹布。

② 织物风格：有"土的确良"之称，挺括爽利、易洗快干、坚牢耐用、价格低廉、布面平整，但有闷气感。

③ 应用：适于作童装、便服、工作服及衬衫等一般服装衣料。

（2）帕丽绒大衣呢

① 结构特点：采用原液染色丙纶，以复丝加工成毛圈纱，再织成别具风格的仿粗梳毛呢织物。

② 种类：有纯丙纶织物、丙棉交织物两大类。

③ 织物风格：呢面毛染色牢固度好、鲜艳美观、风格别致、坚牢耐用、轻便保暖、毛型感强、易洗快干、价格低廉。

④ 应用：适于做男女青年春秋外衣、童装大衣等衣料。

七、氨纶织物

氨纶织物最早出现在美国，现在弹力织物的产量逐年增加。据统计制衣业20%的服装使用各种弹力织物制成，氨纶弹力织物至今仍为国际市场上最流行的服装衣料之一。

1. 氨纶织物的服用性能特点

① 氨纶织物使用近似橡皮筋的高伸缩度氨纶织成，因此氨纶织物具有良好的弹性。穿着舒适，无压迫感。

② 氨纶织物的外观风格接近天然纤维织物，吸湿，透气性均接近棉、毛、丝、麻等天然纤维同类产品。

③ 氨纶弹力织物是把服装造型的曲线美和服用的舒适性融为一体的服装衣料。

④ 有较好的耐酸、耐碱、耐磨性。

⑤ 氨纶的强力最低，吸湿性差。

2. 氨纶织物的应用

氨纶织物主要用于塑形裤和紧身衣以及有弹性的服装，如滑雪衫、运动服、内衣裤、女胸衣等。

第三节 针织面料

一 纬编针织物

纬编针织物是由一根或几根纱线沿针织物的纬向，在各种纬编机上顺序弯曲成圈，并由线圈依次串套而成的针织物。它的品种较多，织物质地柔软，具有较大的延伸性、弹性及良好的透气性。

主要品种介绍

（1）纬平针织物　采用纬平组织形成的针织物。其织物正反面具有不同的外观效果，正面呈现纵向条纹，反面呈现横向条纹，正面较为光洁平整。纬平针织物的布面光洁、纹路清晰、质地细密、手感滑爽，纵横向具有较好的延伸性，且横向比纵向延伸性大，吸湿性和透气性较好，但有脱散性和卷边现象，有时还会出现线圈歪斜的现象。用于制作内衣（汗衫、背心）的纬平针织物称为汗布。另外还可用于制作外衣、手套、袜子等穿着用品及包装用布，如图4-19所示。

▲ 图4-19 汗布

（2）毛圈针织物　织物的一面或两面有环状纱圈（又称毛圈）覆盖的针织物，是花色织物的一种。其特点是手感松软、质地厚实、有良好的吸水性和保暖性。可用于制作服装、家庭用品及其他工业用材料，如图4-20所示。

▲　图4-20　毛圈针织物

（3）双反面针织物　采用双反面组织织成的针织物。其原料常用粗或中粗毛纱、毛型混纺纱、腈纶纱和弹力锦纶纱等。适宜制作婴儿装、童装、袜子、手套和各种运动衫、羊毛衫等成形针织品，应用范围极广。

（4）罗纹针织物　罗纹针织物的种类很多，多用于产品的领口、袖口、裤口等部位。也可采用双罗纹组织，织成质地较为厚实的"棉毛布"或"涤盖棉"，用于制作棉毛衫裤、衬衣、夹克衫及运动服等，如图4-21所示。

▲　图4-21　罗纹针织物

（5）花色针织物　采用提花组织、集圈组织、沙罗组织、波纹组织等在织物表面形成花纹图案及凹凸、闪色、孔眼、波纹等花色效果的针织物。所采用的原料有油棉纱、毛纱、化纤纱和各种混纺纱，如图4-22所示。

▲ 图4-22 提花针织物

二 经编针织物

经编针织物常以涤纶、锦纶、维纶、丙纶等合纤长丝为原料，也有用棉、毛、丝、麻、化纤及其混纺纱作原料织制的。它具有纵尺寸稳定性好，织物挺括，脱散性小，不会卷边，透气性好等优点。但其横向延伸、弹性和柔软性不如纬编针织物。主要有以下种类。

1. 涤纶经编面料

布面平挺，色泽鲜艳，有厚性和薄型之分。薄型的主要用作衬衫、裙子面料；中厚型、厚型的则可作男女上衣、风衣、套装、长裤等面料。

2. 经编起绒织物

主要用作冬季男女大衣、风衣、上衣、西裤等面料，织物悬垂性好，易洗、快干、免烫，但在使用中静电积聚，易吸附灰尘，如图4-23所示。

3. 经编网眼织物

服用网眼织物的质地轻薄，弹性和透气性好，手感滑爽柔挺，主要用作夏令男女衬衫面料，如图4-24所示。

4. 经编毛圈织物

这种织物手感丰满厚实、布身坚牢厚实，弹性、吸湿性、保暖性良好，毛圈结构稳定，

兔毛毛绒厚而平坦，色泽光亮，可以制作褥子、女大衣、童装、皮帽子及手套。

羊皮

用作服装的羊皮分为以下三种。

（1）绵羊皮　绵羊皮根据皮毛的质量分为细毛羊皮、半细毛羊皮、粗毛羊皮。细毛羊皮多为纯白色，毛细又密又均匀，卷曲多，弹性好，光泽也好。适合做大衣等。半细毛羊皮板薄，毛绒丰厚，卷曲多，重量轻，也适合做大衣。粗毛羊皮的特点是毛粗皮厚，可以作褥子。

（2）羔皮　主要是指三北羔皮，三北羔皮具有卷曲和花纹，图案形状自然、美观、大方，且耐磨性能强。可制作褥子、女式大衣、皮帽子、皮领子及大衣边幅等。

（3）山羊皮　山羊皮皮板柔软坚韧，针毛粗，绒毛丰厚。长的针毛拔下可制作毛笔，或制刷子。拔毛后的绒毛可制裘，未经拔毛的山羊皮一般制作衣里和衣领。

猫皮

猫皮的特点是色彩丰富，斑纹美丽，毛被上有连续或间断的斑纹，针毛细腻润滑，毛色浮有闪光，暗中透亮。猫的品种较多，以东北及内蒙古地区的毛皮为好，张幅大，毛绒密，颜色深，花纹明显，板质肥厚。可作短大衣和儿童大衣等。

二　人造毛皮

1. 人造毛皮的特点

人造毛皮系采用化学纤维制成，模仿貂、狐、豹等野生动物的毛皮，形象逼真，可以假乱真。仿裘皮除了具有保暖好、外观美丽、丰满的特点外，还具有手感柔软、光泽自然、绒毛蓬松、弹性好、质地松、单位面积质量比天然毛皮轻的优点。特别是用腈纶制成的人造毛皮，它的质量比天然毛皮轻一半左右。另外，人造毛皮的保暖性比羊皮好，耐磨性比羊皮高一倍以上；抗菌防虫，易收藏，可以水洗，价格较低。但人造毛皮也有一定的缺点，一是防风性差；二是掉毛率比较高。人造毛皮可制作女式大衣、帽子、手套、围脖等，还可以制作玩具及工艺品、装饰品等。

2. 人造毛皮的分类

（1）按加工方式分　有机织、针织、簇绒等。

（2）按绒面外观分　表面绒毛比较整齐的平剪绒类；表面绒毛长短不一的长毛绒类；外观仿动物毛皮的人造毛皮类。

3. 人造毛皮的品种介绍

（1）平剪绒类面料　保暖性好而且轻便。主要用于制作棉衣裤。

（2）长毛绒类面料　外观美丽，大量用于制作玩具及服装。

（3）仿动物毛皮的人造毛皮面料　织物表面真毛感强，华丽美观。大量用于制作女式高档大衣。

三　天然皮革

1. 天然皮革的特点

从动物身上剥下的皮叫动物皮，又叫原料皮。用动物皮经过一系列物理化学和机械加工过程，鞣制成的革叫天然皮革。

天然皮革有天然的纤维结构，具有许多的特性：遇水不易变形，干燥不易收缩，防老化等。但天然皮革不稳定，大小厚度不均匀一致，加工难以合理。同时天然皮革具有较好的舒适性和保暖性，穿着美观大方。

2. 天然皮革的分类

（1）按来源分　有家畜皮，如牛皮、羊皮、猪皮等；有野生动物皮，如鹿皮、麂皮、黄羊皮、羚羊皮、海豹皮等。

（2）按张幅和重量分　可分为轻革和重革。轻革主要用于服装和手套及鞋面等；重革用于鞋底、轮胎等。

3. 天然皮革品种介绍

▲ 图4-28　猪皮

（1）天然麂皮　天然麂皮是一种名贵皮革，具有"天然皮革之王"的美称。麂皮的透气性、柔韧性较好，皮质厚实、细密光洁，是国际市场的高档品。但由于受自然条件的限制，产量少，价格高。且怕虫蛀，有味，易发霉。天然麂皮可用于制作服装、手套及其他产品。

（2）猪皮革　猪皮的毛比较稀少，粒面凹凸不平，毛孔粗大而深，具有独特风格，透气性优于牛皮。猪皮的粒面层很厚，做鞋面革耐折，不易断裂，做鞋底革更耐磨。猪皮革的缺点是皮质粗糙，弹性差。猪皮革主要用于制作服装、鞋料等，如图4-28所示。

（3）羊皮革　羊皮革可分为山羊皮和绵羊皮两种。

山羊皮产地广，是优良的皮革。其表皮较薄，成革结实，强度较大，但质地不如绵羊皮柔软细致。绵羊皮质地柔软，延伸性大，细致光滑，但强度较小。羊皮革广泛用于服装、鞋、帽、手套、背包等方面。

（4）牛皮革 牛皮革分为黄牛革和水牛革两种。黄牛革表面毛孔呈圆形，毛孔细而均匀，排列不规则；而水牛革毛孔比黄牛革粗大，毛孔的数量也比黄牛革稀少，皮革的质量较松弛，不如黄牛革丰满细腻。牛皮革耐折耐磨，吸湿透气较好，磨光后光亮度好，绒面革的绒细而密，是优良的服装材料，如图4-29所示。

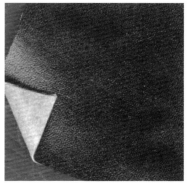

▲ 图4-29 牛皮革

（5）驴、马皮革 驴、马皮有相似的特点，皮面光滑细致，其前身皮较薄，结构松弛，手感柔软，吸湿透气性好；其后身皮结构紧密结实，弹性好。驴、马皮革可用于制作服装、手套、鞋底等。

（6）蛇皮革 蛇皮的表面有明显的易于辨认的花纹，成品革粒面致密轻薄，弹性好，柔软，耐拉折。蛇皮革可用于服装的镶拼及箱包等附件。

四、人造皮革

1. 特点

人造皮革质地柔软，穿着舒适，美观耐用，保暖性强。还具有吸湿、透气、颜色牢度好的特点。若涂上特殊物质，还具有防水性。人造皮革可防蛀，无异味，免烫，尺寸稳定，适用于制作春秋季大衣、外套、运动衫等服装及装饰品，也可以制作鞋面、手套、帽子、沙发套、墙布等材料。

2. 分类

（1）人造革 人造革是采用聚氯乙烯为原料，涂在底布上，制成类似革的制品。如图4-30所示。

目前，应用较广泛、较具特色的品种为人造麂皮。人造麂皮是模仿动物麂皮的织物，表面有密集、纤细而柔软的绒毛。采用聚酯超细旦纤维非纺织面料和稀松窗帘布一样的100%聚酯机织面料在两侧叠合，再用氨基甲酸乙酯浸渍的人造皮革。人造麂皮具有如下特点。

① 质地轻、手感柔软。质量为天然革的一半，但柔软性和丰满性与最好的麂皮相似。

② 形态稳定不易折皱。即使雨中沾湿，也不变硬。

③ 易洗，洗后色泽、柔软度、形状不变，也可干洗。

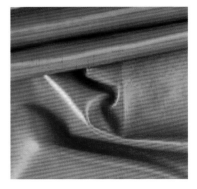

▲ 图4-30 人造革

④ 色牢度好，不褪色，颜色种类多。

⑤ 穿着舒适。透气性好，无潮湿感。

⑥ 便于裁剪加工，可在家庭缝纫机上缝纫。

⑦ 使用简单且经济，裁剪损失仅20%，而天然皮革的损失近60%。

人造麂皮除用于仿制天然麂皮的用途外，还可以制作各种青年夹克衫、猎装等。

（2）合成革 合成革是模仿天然皮革的构造，将无纺布浸喷聚合物后，在上面再涂一层聚合物表面层，常采用聚氨酯树脂，其外观手感性能等近似天然皮。具有一定的透气、透湿性、耐寒、耐磨性较好。合成革具有一定的真皮感和透湿性，耐磨、耐寒、耐曲挠，强度好，体轻，抗菌防蛀，耐水洗。但透气性差，不如天然皮革舒适。合成革广泛用于服装、鞋帽、箱包等的制作。

思考与练习

一、问答题

1. 棉织物的主要服用性能特点有哪些?

2. 棉织物的品种有哪些?

3. 平布和府绸有何异同点?

4. 麻纱和泡泡纱的特点有哪些?

5. 麻织物的主要服用性能特点有哪些?

6. 毛织物的主要服用性能特点有哪些?

7. 毛织物的主要类别及品种有哪些?

8. 精纺毛织物与粗纺毛织物在制作工艺上有何不同?

9. 长毛绒和驼绒有何异同，分别做何使用?

10. 各类化纤织物的服用性能特点有哪些，应用怎样?

11. 纬编针织物和经编针织物有何区别?

12. 天然毛皮的服用性能特点有哪些? 主要有哪些品种?

13. 人造毛皮的特点有哪些?

14. 天然皮革的服用性能特点有哪些? 主要有哪些品种?

15. 人造革与合成革的特点有哪些?

二、分析题

1. 通过市场调查，收集5~10个布样，用材料学知识对它们做全面介绍和描述。

2. 分析皮草作为一种高贵的服装材料在国际市场上非常受欢迎的原因。

第五章　服装辅料

学习目标

1.服装里料的种类、性能、作用及选配方式。

2.服装衬料的种类、性能、作用及选配方式。

3.缝纫线的种类、性能及选配方式。

　　服装辅料是指制作服装所用面料以外的其他一切材料，简称辅料。服装辅料在服装中，与服装面料同等重要。它不但决定着服装的色彩、造型、手感、风格，而且影响着服装的加工性能、服用性能和价格。在服装市场上或服装评比中，往往因一件辅料选配不当，而降低了整件服装的评价，因此，应该根据服装的种类、花色、款式以及服装使用保养的方式来选配辅料。也就是说，辅料必须在外观、性能（包括使用性能与加工性能）、质量和价格等方面与服装面料相配伍。服装辅料选配得当，可以提高服装的档次。反之，则会影响服装的整体效果及其销售结果。

　　辅料品种繁多，大致有里料、衬料、絮填材料、缝纫线、纽扣、拉链、绳带、花边、商标、号型、尺码带、产品示名牌（钉在服装上的说明牌）以及珠片等。

第一节　服装里料

服装里料是服装辅料的一大类，通常是用来部分或全部覆盖服装里面（面料背面）的材料，主要用于大衣类高档呢绒服装，如大衣、西装、裘皮服装和滑雪衫等。

一　里料的种类

里料的分类方法很多，按里料的组织结构分，有平纹、斜纹、缎纹和提花等；按里料的后整理来分，有印花、色织等；较多的是按纤维原料的种类来分，可以分为天然纤维里料、化学纤维里料和混纺与交织里料三大类。

1. 天然纤维里料

（1）棉布里料　吸湿性好，透气性好，不易起静电。穿着柔软舒适，耐热性及耐光性较好，耐碱而不耐酸，色谱全、色泽鲜艳，且可以水洗、干洗及手洗，价格低廉。缺点是不够光滑，弹性差，易折皱。主要用于婴幼儿服装、中低档夹克衫、便服及耐碱性功能服装等，如图5-1所示。

（2）真丝里料　吸湿性强，透气性好，轻薄、柔软、光滑，穿着舒适凉爽，手感居各种纤维之首，无静电现象，耐热性较高，但比棉布差些。缺点是不坚牢，经纬线易脱散，生产加工困难，耐光性差，不宜勤洗，否则会泛黄失去光泽。对盐的抵抗力较差，所以衣服被汗水润湿后应马上洗干净。易受霉菌作用，价格较高。主要用于高档服装，尤其适用于夏季高档轻薄服装，如图5-2所示。

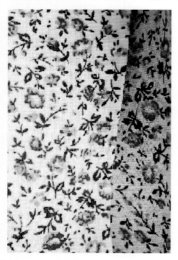

▲　图5-1　棉布里料

▲　图5-2　真丝里料

2. 化学纤维里料

（1）人造纤维里料

① 黏胶纤维里料 黏胶纤维里料手感柔软，吸湿性、透气性较好，性能接近棉布里料，颜色鲜艳，色谱全、光泽好、滑爽。缺点是弹性及弹性恢复能力差，易起皱，不挺括，湿强低，洗涤时不宜用力搓洗，以免损坏。黏胶纤维里料缩水率较大，尺寸稳定性差，在裁剪时应先做缩水处理，并留裁剪余量。常水洗的服装不宜采用这种里料，主要用于中高档服装里料，如图5-3所示。

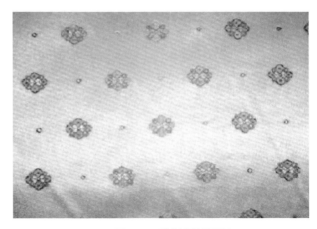

▲ 图5-3 黏胶纤维里料

② 铜氨纤维里料 铜氨纤维里料许多方面与黏胶纤维里料相似。但铜氨纤维可以制得非常细的纤维，光泽也较为柔和，更接近真丝的外观，且湿强力也较黏胶纤维略高，如图5-4所示。

③ 醋酯纤维里料 醋酯纤维里料在手感、弹性、光泽度和保暖性方面都优于黏胶纤维里料，有一定的抗皱能力，其长纤维的光泽近似天然蚕丝，但吸湿性差，缩水率小，耐磨性也较差。主要用于针织或弹性服装，如图5-5所示。

▲ 图5-4 铜氨纤维里料

（2）合成纤维里料

① 涤纶里料 涤纶里料牢固挺括，易洗快干，尺寸稳定，不易起皱，不缩水，穿脱滑爽，不易虫蛀，不霉烂，易保管，耐热、耐光性也好，但涤纶里料吸湿性差，透气性差，易产生静电，穿着不够舒服。不易用来制作夏季服装里料。主要用于男女时装、休闲装、西服等。

② 锦纶里料 锦纶里料强度较大，伸长率大，弹性恢复率大，耐磨性、透气性优于涤纶，抗皱性能次于涤纶，保形性和耐热性也较差，主要用于登山服、运动服等服装的里料。

▲ 图5-5 醋酯纤维里料

3. 混纺与交织里料

（1）涤棉混纺里料　涤棉混纺（的确良）里料，结合了天然纤维与化学纤维的优点，吸水、牢固而挺括、光滑，价格适中，适用于各种洗涤方法，常用做羽绒服、夹克衫和风衣的里料，如图5-6所示。

▲　图5-6　涤棉混纺里料

（2）醋酯纤维与黏胶纤维混纺里料　两种纤维性能相似，除了具备人造纤维里料性能外，这种混纺里料光滑、质轻、裁口边易脱散。

（3）以黏胶或醋酯长丝为经纱，黏胶短纤维或棉纱为纬纱而织成的羽纱里料　正面光滑如绸，反面如布，具有天然纤维的优点，质地厚实，耐磨性好，手感柔软，光泽淡雅。主要用作厚型毛料西服的里料。

二 里料的作用

服装有无里料以及里料的品种、外观和性能如何，对服装的外观、质量和服用性能有着密切的关系。里料的作用主要表现在以下几个方面。

1. 提高服装的档次

里料可以遮盖不需外漏的缝线、毛边、衬布等，使整件衣服更美观。柔软薄型的衣料使用里料后能更挺括、平整。

2. 保护面料

服装敷上里料，能使人体活动时不直接与面料摩擦，从而延长面料的使用寿命，同时保护面料不被玷污。

3. 改善服装外观

里料给服装以附加的支持力，提高了服装的抗变形能力，能够减少服装的褶裥和起皱，使服装获得良好的保形性。

4. 方便服装穿脱

多数里料光滑，减少了外衣与内层其他衣服的摩擦，使人穿着舒适，并有利于自由穿脱。

5. 增加服装保暖性

带里料的衣服多了一层材料，提供了一个空气夹层，所以具有保暖性。

三 里料的选配

选配里料时，应注意以下几点。

① 选择里料时，注意其悬垂性，里料不能过于硬挺，里料应轻于面料，柔软于面料。

② 选择里料时，注意其服用性能要与面料相配伍。如缩水率、耐热、耐洗性能、强力和厚薄。高级服装的里料还要求具有较好的抗静电性能。

③ 选择里料时，里料的颜色应和面料的颜色相协调。一般里料的颜色应与面料颜色相近，且不能深于面料颜色。必须注意里料的色牢度和色差，以防止面料沾色而恶化外观。

④ 选择里料时必须注意表面应较光滑，以保证穿脱方便。

⑤ 选择里料时还必须注意不能选用那些缝线易豁脱的材料，以免造成过早地降低服装使用价值。

⑥ 选择里料时，既要注意美观、实用和经济的原则，以降低服装成本，但也要注意里料与面料的质量，档次相匹配。

第二节　服装衬料

衬料是在服装面料和里料之间的材料，可以是一层或几层，它是服装的骨架，服装借助衬料的支撑作用，才能形成多种多样的款式造型，因此，合理地选择衬布是做好服装的关键。质量高的面料，相应要选用好的衬布，否则是在糟蹋面料。相反，若面料差些，但用上合适的衬布做出的服装能附体挺括，从而弥补面料的不足。由此可见，选用合理的衬布是十分重要的。

一 衬料的种类

衬料的分类方法很多，有按衬的原料分为棉衬、毛衬、化学衬等；按使用方式和部位分为衣衬、胸衬、领衬、腰衬、折边衬、牵条衬等；按衬的厚薄和质量分为厚重型衬（160g/m²以上）、中型衬（80～160g/m²）与轻薄衬（80g/m²以下）；按衬布的底布分为梭织衬、针织衬和非织造衬。接下来主要按衬的种类来进行介绍。

根据现有衬料的种类，衬料大致可分为以下几类。

1. 棉衬、麻衬

棉衬用纯棉梭织本白平布制成。一般分为软衬和硬衬两种。软衬多用于挂面，裤（裙）腰或与其他衬搭配使用。硬衬用于传统制作方法的西服、中山服、大衣，如图5-7所示。

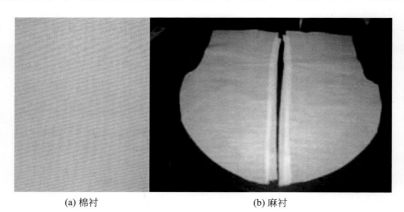

(a) 棉衬　　　　　　　　　　　(b) 麻衬

▲ 图5-7　棉衬、麻衬

2. 毛衬

毛衬有马尾衬和黑炭衬两种。

马尾衬是用棉或涤棉混纺纱做经纱，用马尾鬃作为纬纱，织成基布再经定形和树脂加工而成。马尾衬有普通马尾衬和包芯马尾衬。由于马鬃的弹性很好，产量小，以及加工费用较高，因此价格较贵，所以主要用于高档西服。

黑炭衬也是用棉或棉混纺纱作经，用动物纤维（牦牛毛、山羊毛或人发等）作纬纱加工成的基布，再经特殊整理而成。黑炭衬主要用于大衣、西服、外衣等前衣片胸、肩、袖等部位，使服装丰满、挺括和具有弹性，并有好的尺寸稳定性。如图5-8所示。

(a) 黑炭衬　　　　　　　　　　　(b) 马尾衬

▲　图5-8　毛衬

3. 树脂衬布

树脂衬布是一种传统的衬布，以棉、化纤及混纺的机织物或针织物为底布，经漂白或染色等其他整理，并经树脂整理加工制成的衬布。

树脂衬布有纯棉树脂衬布、混纺树脂衬布、纯化纤树脂衬布等，随着加工方式不同还有本白树脂衬布、半漂白树脂衬布、漂白树脂衬布和什色树脂衬补。

由于树脂衬布具有成本低、硬挺度高、弹性好、耐水洗、不回潮等特点，广泛应用于服装的衣领、口袋、腰及腰带等部位，如图5-9所示。

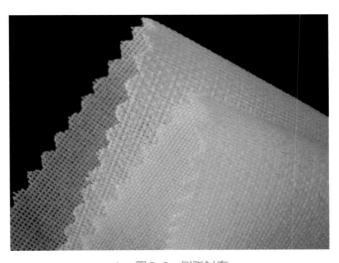

▲　图5-9　树脂衬布

4. 纸衬

在裘皮和皮带服装及有些丝绸服装制作时，为了防止面料磨损和使折边丰厚平直，采用纸衬。在轻薄和尺寸不稳定的针织面料上绣花时，在绣花部位的背后也需附以纸衬，以保证花型准确成形。纸衬的原料是树木的韧皮纤维，如图5-10所示。

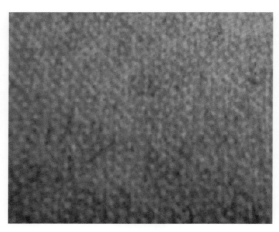

▲ 图5-10 纸衬

5. 领带衬

　　领带衬是由羊毛、化纤、棉、黏胶纤维纯纺或混纺，交织或单织而成基布，再经煮炼、起绒和树脂整理而成，用于领带内层起补强、造型、保型作用。所以要求领带衬布具有手感柔软、富有弹性，水洗后不变形等性能，如图5-11所示。

▲ 图5-11 领带羊绒软丝衬

6. 腰衬

　　腰衬是用于裤和裙腰部的条状衬布，起硬挺、防滑和保型的作用，是按使用部位而命名的。常用锦纶或涤纶长丝或涤棉混纺纱线织成不同腰高的带状衬，该带状衬上织有凸起的橡胶织纹，以增大摩擦阻力，防止裤、裙下滑。也有以商标或其他标志带来代替摩擦凸纹带的，这样腰衬还可起到装饰和宣传品牌的作用，如图5-12所示。

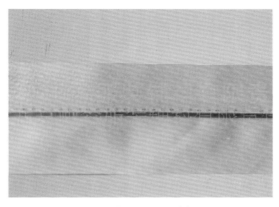

▲　图5-12　腰衬

7. 牵条衬

　　牵条衬是按用途分类而得名，常用在服装的驳头、袖窿、止口、下摆叉、袖叉、滚边、门襟等部位，起到加固补强的作用，又可防止脱散，如图5-13所示。主要有机织黏合牵条衬及非织造黏合牵条衬。牵条衬的宽度有5mm、7mm、10mm、12mm、15mm、20mm、30mm等不同规格。牵条衬的经纬向与面料或底料的经纬向成一定角度时，才能使服装的保型效果较好。特别在服装的弯曲部位，更能显示其弯曲自如，熨烫方便的优点。这种角度一般有60°角、45°角、30°角、12°角等规格，其归拔效果各不相同。

▲　图5-13　牵条衬

8. 黏合衬布

　　黏合衬布又称化学衬，是一种新型的服装衬布，黏合衬的使用，使服装的缝制加工工艺发生了变革，不但大大简化了工艺流程，提高了工效，并且改善了服装的外观和服用性能。

由于黏合衬的底布（基布）热熔胶及其涂层加工方法多种多样，且性能各异，因而对其须作全面的了解后才能选用好这一辅料。

（1）黏合衬布的种类　黏合衬一般是按底布（基布）种类、热熔胶种类、热熔胶的涂布方式及黏合衬的用途而分类。

① 按底布的种类分

a. 梭织黏合衬。梭织黏合衬的底布用梭织物，其纤维原料为纯棉、涤棉、混纺黏胶、涤黏交织等。织物组织多用平纹，因平纹织物经纬密度接近，各方向受力稳定性和抗皱性能好。但也有少量用斜纹组织的，因斜纹织物手感软。

梭织衬因其价格较针织衬或非织造衬高，故多用于中高档服装。

b. 针织黏合衬。针织服装弹性大，变形亦大，需配用同样弹性与伸长的针织衬。针织衬分经编衬（含经编衬和衬纬经编衬）和纬编衬。纬编衬由锦纶长丝织成，多用于女衬衫和其他薄型针织服装。衬纬经编衬一般使用5.56 ～ 8.33tex（50 ～ 75旦）的锦纶或涤纶长丝，衬纬纱用36.4 ～ 25.8tex（16 ～ 24英支）纯黏胶或涤黏混纺纱。由于短纤维纱的引入，使衬纬经编衬既能保持针织物的弹性，又可保持尺寸稳定，特别是经过衬纬起毛后，既改善了衬布的手感，又可避免热熔胶的渗透。因而衬纬经编衬被广泛用于外衣前衣衬。

c. 非织造黏合衬。非织造衬是以涤纶、锦纶、丙纶和黏胶纤维等为原料，将纤维梳理成网后用物理、化学或二者结合的方法制成的衬布。由于非织造衬生产简单，价格低廉，品种规格多样，又不缩水，不脱散，使用方便，因而发展很快，已成为量大面广的服装材料。

② 按热熔胶的种类分

a. 聚酰胺（PA）热熔胶黏合衬。聚酰胺胶衬有良好的黏合性能和手感，耐干洗性能优良，因此多用于常需干洗的男女外衣，也可用于水洗的其他服装上。

b. 聚酯（PES）热熔胶黏合衬。聚酯胶衬有较好的耐水洗和耐干洗性能，它对涤纶面料的黏合强力亦较高。由于涤纶纤维面料应用普遍，所以聚酯黏合衬的应用也很广泛，特别是可用于薄型涤纶仿真丝面料和涤纶仿毛面料上。

c. 聚乙烯（PE）热熔胶黏合衬。聚乙烯又分为高密度聚乙烯（HDPE）和低密度聚乙烯（LDPE）。

高密度聚乙烯须在较高的温度和较大的压力下才能获得较好的效果，它有很好的耐水洗性，干洗性能略差，故多用于男衬衫。

低密度聚乙烯的耐水洗和耐干洗性能均不好，但它可在较低温度下黏合，故广泛用于暂时性黏合衬布。

d. 乙烯－醋酸乙烯共聚物（EVA）及其改性的皂化乙烯－醋酸乙烯（EVAL）热熔胶衬布。

它可调整共聚物组分而制得多种产品，并可获得低熔点热熔胶，只需用熨斗就可黏合，因此很适于裘皮服装用。由于其水洗和干洗性能都差，故对需常洗的服装来说，只能作为暂时性黏合衬布。

e. 聚氯乙烯（PVC）热熔胶黏合衬。它有足够的黏合强度和较好的耐水洗性，但由于黏合条件要求高，易渗胶，舒适性差，目前已应用不多。

③ 按热熔胶的涂布方式分

a. 撒粉黏合衬。粉状的热熔胶装在漏斗内，利用毛刷或振动器使胶粉沿斜板滑下，均匀地撒在行进中的并经加热辊预热的底布上，然后经烘房烘焙后冷却，形成撒粉黏合衬。撒粉黏合衬的设备和制造方法简单，但涂布不均匀，适用于低档产品，如图5-14所示。

▲　图5-14　撒粉黏合衬

　　b. 粉点黏合衬。将热熔胶装于漏斗内，通过振动器的作用，使胶粉嵌在转动着的雕刻辊上，雕刻辊再将胶粉转移黏结在经加热辊预热的底布上。雕刻辊上多余的胶粉被刮刀清除。带有胶粉的底布经烘房烘焙后冷却，即成粉点黏合衬。这种涂布方法与撒粉法相比，胶粉分布均匀，质量好，广泛用于梭织衬生产，如图5-15所示。

▲　图5-15　粉点黏合衬

　　c. 浆点黏合衬。将热熔胶加热成胶浆，通过浆管送入圆网筒内，像圆网印花一样，将湿态胶浆涂布于经加热辊预热的底布上，再经烘焙和冷却而成浆点黏合衬。内刮刀和外刮刀保证了涂浆的均匀。由于圆网筒的网眼疏密形状不同，浆点的形状和规律亦不相同。它多用于非组织造黏合衬，如图5-16所示。

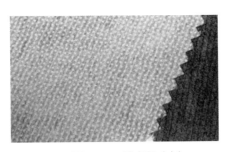

▲　图5-16　浆点黏合衬

d. 双点黏合衬。为获得更佳的涂布和黏合效果，并考虑到底布与面料的不同黏合性能，可以在底布上涂布两层重叠的热熔胶。它可以采用双粉点、双浆点，以及先浆点后粉点等涂布方法。双点涂布方法是目前国内外普遍采用的新方法，它使黏合衬布的质量有了进一步提高，如图5-17所示。

▲ 图5-17 双点黏合衬

e. 薄膜涂布黏合衬。上述各种方式均存在着涂布不够均匀的问题。如将热熔胶先制成薄膜，再将薄膜直接热压于底布上，则可获得更为均匀、平整的薄膜黏合衬。由热熔胶制成的薄膜，通过裂膜装置与经过预热的底布进行黏合，再经过加热熔烘焙和冷却后即成为薄膜黏合衬。显而易见，完整的薄膜不透气，会影响穿着的舒适性。因此，通过裂膜装置，可使薄膜呈现有规则的裂纹，以改善其透气性。

④ 按黏合衬的用途和使用对象分　黏合衬依其用途可分为大身衬、补强衬、牵条衬、双面衬、绣花衬等；依其使用对象又可分为外衣衬、衬衣衬、裘皮衬和丝绸衬等。这里就不一一赘述了。

（2）黏合衬的质量评定　黏合衬虽然用作服装衬里，并不显露在服装表面，但质量要求并亚于面料，往往因一小块衬布的质量问题，影响了整件服装的档次和使用价值。因此，在使用黏合衬时，应满足下列要求。

① 衬布与不同面料黏合后，均能达到一定的剥离强度，在使用期限内不脱胶。

② 耐洗涤，要求耐干洗和水洗。

③ 衬布的缩水率要与面料一致，穿用过程中保持服装外观平挺，不起皱，黏合衬的热压收缩也要与面料一致，压烫后要具有较好的保型性。

④ 黏合衬布能在较低的温度下与面料压烫黏合，压烫黏合时不会损伤面料和影响面料的手感，也不能有面料一侧或衬布一侧的渗料现象。

⑤ 热熔胶涂布均匀一致，涂布量衡定，并能有一定抗老化性能，在黏合衬的储存期内黏合强度不变，无老化、泛黄现象。

⑥ 黏合衬应有一定的手感和硬挺度，也要求有一定的弹性，还要求有一定的透气性和穿着舒适性。

⑦ 具有良好的可加工性，剪裁时不会沾污刀片，不会粘贴切边。还要求有良好的缝纫性，在缝纫机上移动，不会沾污针眼。

二　衬料的作用

衬料的作用大致可以归纳为以下几个方面。

1. 使服装获得满意的造型

在不影响面料手感、风格的前提下，借助于衬的硬挺和弹性，可使服装平挺或达到预期的造型。如对于需要竖起的立领，可用衬来达到竖立而平挺的作用；西装的胸衬，可令胸部更加饱满；肩袖部用衬会使服装造型更加立体，并使袖山更为饱满圆顺。

2. 提高服装的抗皱能力和强度

衣领和驳头部位用衬，以及门襟和前身用衬，可使服装平挺而抗折皱，这对薄型面料服装更为重要。用衬后的服装，因多了一层衬的保护和固定，使面料（特别在省道和接缝处）不致被过度拉伸和磨损，从而使服装更为耐穿。

3. 使服装折边清晰平直而美观

在服装的折边处如止口、袖口及袖口衩，下摆边及下摆衩等处用衬，可使折边更加笔直而分明，服装更显得美观。

4. 保持服装结构形状和尺寸的稳定

剪裁好的衣片中有些形状弯曲、丝绺倾斜的部位，如领窝、袖窿等，在使用牵条衬后，可保证服装结构和尺寸稳定；也有些部位在穿着中易受力拉伸而变形，如袋口、纽门等，用衬后可使其不易拉伸变形，服装形态稳定美观。

5. 使服装厚实并提高服装保暖性

显而易见，服装用衬后增加了厚度（特别是在采用前身衬、胸衬或全身使用黏合时），提高了服装的保暖性。例如有些皮革服装用衬后可增加厚度，而用于睡袍的衬，则能增加服装的保暖性。

6. 改善服装的加工性

薄而柔软的丝绸和单面薄型针织物等，在缝纫过程中，因不易握持而使加工困难，用衬后即可改善缝纫过程中的可握持性。另外，如在上述轻薄柔软的面料上绣花时，因其加工难度大绣出的花形极不平整甚至会变形，用衬后（一般是用纸衬或水溶性衬）即可解决这一问题。

三 **衬料的选配**

服装衬料种类很多，在厚薄、轻重、软硬、弹性等方面变化很大，所以选择衬料时应主要考虑以下几个因素。

 1. 衬料与面料的性能匹配

一般来说，衬料应与服装面料在缩率、悬垂性、颜色、单位质量与厚度等方面相匹配，如浅色的面料应选择白色的衬料，针织服装应选择弹性大的针织衬，法兰绒面料应选用较厚的衬料。有些面料，如起绒织物或经防油、防水整理的面料，以及热塑性很高时面料，就要求采用非热熔衬（非黏合衬）。

 2. 满足服装造型设计的需要

服装的许多造型是借助衬的辅助作用来完成的。如西装挺括的外形及饱满的胸廓是利用衬的刚度、弹性、厚度来衬托的，轻薄悬垂的服装则不能选用这种衬。

 3. 考虑服装的用途

如经常水洗的服装则不能选择不耐水洗的衬料。

 4. 考虑价格与成本

衬料的价格会直接影响服装的成本，所以在保证服装质量的前提下，应尽量选择较低廉的衬料。

第三节　服装填料

在服装面料和里料之间的填充材料称为服装的填料。随着科学技术的发展，服装的填料不仅是传统的起保暖作用的棉、绒及动物毛皮等，一些具有多功能的新型保暖材料也相继问世。

一 **填料的种类**

填料一般可分为絮类填料、材料填料和特殊功能絮填料三类。如图5-18所示。

絮类填料是未经织制加工的纤维，其形态呈絮类。

材类填料是将纤维经过织制加工成绒状织品或絮状片型，或保持天然状（毛皮）的材料。

特殊功能絮填料是为了使服装达到某种特殊功能而采用的特殊絮填材料。

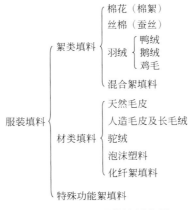

▲　图5-18　服装填料分类

1. 絮类填料

（1）棉花　蓬松的棉花因包含很多的静止空气而保暖性很好，并且吸湿、透气性好，价格低廉，但棉花弹性差，很易被压扁而降低保暖性，且手感变硬。水洗后不易干、易变形。广泛用于儿童服装及中低档服装，如图5-19所示。

（2）丝绵　是蚕丝或剥取蚕茧表面的乱丝整理而成的类似棉花絮的物质，丝绵光滑而柔软，质量轻而保暖，用于服装时穿着舒适，但由于其价格较高，故用于高档丝绸服装，如图5-20所示。

（3）动物毛线　主要是鸭绒，也有鹅、鸡、雁等毛绒。由于羽绒很轻且导热系数很小，蓬松性好，是人们很喜爱的防寒絮填材料之一。用羽绒填料时，要注意羽绒的清洗与消毒处理，同时服装面料、里料及羽绒的包覆好料要具有防绒性。在设计和加工时，须防止羽毛下降而影响服装造型和使用。由于羽绒来源受限制，而且含绒率高的羽绒服价格较贵，所以羽绒只用于高档服装和时装。

▲　图5-19　棉花

▲　图5-20　丝绵

常用的还有羊毛与骆驼绒，保暖性很好，但因绒毛表面有鳞片，以易毡化。为了防止毡化。为了防止毡化要混入一些表面较光滑的化学纤维。

（4）混合絮填料　由于羽绒用量很大，成本高，外国科学家研究以50%羽绒和50%的0.033 ~ 0.056特细涤纶混合使用。这种方法如同在羽绒中加入了"骨架"，既可使其更加蓬松，又可提高保暖性，并降低成本。也有采用70%的驼绒和30%的腈纶混合的絮填料，以使两种纤维特性充分发挥，混合絮填料有利于材料特性的充分利用，降低成本和提高保暖性。

2. 材类填料

（1）天然毛皮　天然毛皮的皮板密实挡风，绒毛又能贮存大量的空气，因而十分保暖。高档的天然毛皮多用于裘皮服装面料，而中、低、档的毛皮（如山羊毛皮、绵羊毛皮等）在高寒地区常制成皮袄，一般皮袄有面有里，该毛皮即起絮填料的作用。

（2）人造毛皮及长毛绒　由羊毛或毛与化纤混纺制成的人造毛皮以及精梳毛纱及棉纱交织的立绒长毛绒织物，是很好的高档保暖材料。它们制成的防寒服装保暖、轻便，挺而不臃肿，耐穿性好，价格低廉。

（3）驼绒　驼绒并不是用骆驼的毛制成的，而是外观类似骆驼毛皮的织物，它是用毛棉混纺而成的拉绒针织物。驼绒松软厚实，弹性好，保暖性强，给人以舒适感，与里子相配可作为填充材料。

（4）泡沫塑料　泡沫塑料有许多贮存空气的微孔，蓬松、轻而保暖。用泡沫作絮填料的服装，挺括而富有弹性，裁剪加工也较简便，价格便宜。但由于它不透气，舒适性差，易老化发脆，故未广泛使用。

（5）化纤絮填料　腈纶棉轻而保暖，广泛用作絮填材料。

中空棉采用中空的涤纶纤维。手感、弹性、保暖性均佳。

喷胶棉由丙纶、中空涤纶和腈纶混合制成的絮片，经加热后丙纶会熔融并黏结周围的涤纶或腈纶，从而做成厚薄均匀、不用衍缝亦不会松散的絮片，能水洗、易干，并可根据服装尺寸任意裁剪，加工方便，是冬装物美价廉的絮填材料。

3. 特殊功能絮填料

在宇航服装材料中为了达到防辐射的目的，使用消耗性散热材料作为服装的填充材料，在受到辐射热时，可使这些特殊材料升华，而进行吸热反应。在织物上镀铝或其他金属膜，作为服装的夹层，以达到热防护的目的。市场上销售的"太空棉"就是这种方法生产的絮填材料，常用在劳保服装中。

在服装的夹层中，使用循环水或饱和碳化氢亦可达到防御辐射热的目的。在用防水面料制作的新型运动服内，采用甲壳质膜层作夹层，能迅速吸收运动员身上的汗水并向外扩散。这种夹层还具有一定的抗菌性。

利用电热丝置入潜水员的服装夹层，以使人体保温。可用冷却剂作为服装的絮填材料，通过冷却剂的循环作用，使人体降温。市场上出售的凉枕便是填充了冷却剂。另外，可将药剂置入内衣的夹层中，用以治病或保健。

二、服装填料的作用

1. 增加服装的保暖性

（1）消极的保暖作用　服装加上絮填料后，厚度增加，增加了服装内静止空气的含量，而静止空气的导热系数是最小的，可以减少人体热量向外散发，同时也可阻止外界冷空气的侵入，所以服装的保暖性得到了提高。

（2）积极的保暖作用　该絮填材料可以吸收外界热量，并向人体传递，产生热效应。如远红外棉，它发射的特定波长的远红外线，与人体的吸收波长相匹配而进入人体，产生温热作用。

2. 提高服装的保型性

由于絮填料的作用，可以使服装挺括，并使其具有一定的保型性，设计师可以根据设计意图来使用絮填料使服装获得满意的款式造型。

3. 具有特殊功能性

（1）防热辐射功能　使用消耗性散热材料、循环水或饱和碳化氢，以达到防热辐射的目的。在织物上镀铝或其他金属膜以达到热防护的目的。

（2）卫生保健功能　在内衣夹层中加入药剂，可以治疗疾病和保健。远红外线絮填材料，可以抗菌除臭，美容强身。

（3）保温功能　在潜水服夹层内装入电热丝，可以为潜水员保温。

（4）降温功能　在服装夹层中加入冷却剂，通过冷却剂循环，可以使人体降温。

（5）吸湿功能　在用防水面料制作的新型运动服内，采用甲壳质膜层作夹层能迅速吸收运动员身上的汗水并向外扩散。

随着科学技术的发展，还将开发出许多特殊功能的絮填料，以满足人们的不同需求。

第四节　缝纫线

缝纫线因制作服装、缝纫衣片而得名。缝纫线具有功能性和装饰性。随着服装加工的机械化、现代化和高速化发展，对缝纫线的要求也越来越高。缝纫线要求光滑、均匀，有一定的强度，摩擦小以及有一定的耐热性，而且希望收缩越小越好。对缝纫线的可缝性检验，常常用厚薄不同的各种面料、不同的缝纫机以不同的速度、缝制方法进行缝制，计测缝纫线的断头数，以此判断缝纫线可缝性的好坏。

一　缝纫线的种类

缝纫线通常是由两根或两根以上棉纱或涤棉或纯涤纶纱，经过并线，加捻、煮练、漂染而成，主要用于服装、针织内衣及其他产品的缝纫加工等。缝纫线按所用的纤维原料，分为三种基本类型：天然纤维缝纫线，如棉线、丝线等；合成纤维缝纫线，如涤纶缝纫线、锦纶缝纫线等；天然纤维与合成纤缝混合缝纫线，如涤棉混纺缝纫线、涤棉包芯缝纫线。

1. 天然纤维缝纫线

常用的有棉缝纫线、丝缝纫线两大类。

（1）棉缝纫线　以棉纤维为原料制成的棉缝纫线，习惯称棉线。棉线有较高的拉伸强力，尺寸稳定性好，线缝不易变形，并有优良的耐热性，适于高速缝纫与耐久压烫。但其弹性与耐磨性差，难以抵抗潮湿与细菌的危害。棉缝纫线还可分为以下几种。

① 软线（无光缝纫线）。在纺纱后经其他整理，只加入少量润滑油使其光滑柔软，适用于棉制织物等纤维素织物，一般用于手缝、包缝、线钉、扎衣样、缝皮子等。

② 丝光缝纫线。一般用精梳棉纱经丝光处理（烧碱处理而成），其强度较软线稍有增加，纱线外观丰满并富有光泽，适用于绵织物缝纫以及与软线类似的用途。

③ 蜡光线。蜡光线是棉线漂染后，加上浆、上蜡过程，这种线的外表光洁滑润、质地坚韧，是一种强力较高的棉缝纫线，适用于硬挺材料、皮革或需高温熨烫衣服的缝纫。

（2）丝线　用天然长丝和绢丝制成的缝纫线，有极好的光泽，可缝性好，其强度、弹性和耐磨性能优于棉线，适用于丝及其他高档服装的缝纫。

2. 合成纤维缝纫线

合成纤维缝纫线的主要特点是拉伸强度大、水洗缩率小、耐磨，并对潮湿与细菌有较好的抵抗性。由于其原料充足，价格较低，可缝性好，是目前主要的缝纫用线。

（1）涤纶线

① 涤纶长丝缝纫线。用涤纶长丝为原料制成的缝纫线，主要用于以强度要求为主的产品，如缝制皮鞋等，也可用于缝制拉链、皮制品和滑雪衫、手套等。

② 涤纶短纤缝纫线。日前市售的涤纶短纤缝纫线有两种。一种是以涤纶长丝切断后纺制成，另一种是由涤纶短纤维纺制而成。在使用性能上前者优于一般涤纶短纤缝纫线。

由于涤纶短纤维具有耐磨性好、强度高、缩水率低、抗潮湿、抗磨蚀等优点，所以涤纶短纤维缝纫线不但是目前缝制业的主要用线，而且特殊功能用线（如阻燃、防水等）也常以涤纶线进行处理加工而成。

③ 涤纶长丝弹力缝纫线。当前弹力织物的服装流行，如针织服装、运动服、健美裤、女内衣、紧身衣等发展都很快，但它们的缝纫线必须具有相匹配的弹性伸长。我国开发的弹性回复率在90％以上，伸长率分别为15％和30％以上的改性涤纶长丝弹力缝纫线，可用于弹性材料的缝纫。

（2）锦纶线　锦纶缝纫线有长丝线、短纤维线和弹力变形线三种。一般用于缝制化纤、呢绒服装。它与涤纶线相比，强伸度大、弹性好，而且更轻，但它耐磨和耐光性不及涤纶。

锦纶弹力缝纫线是用锦纶6或锦纶66时变形弹力长丝制作的。主要用于缝制弹性较大的针织物、游泳衣和内衣等。

锦纶透明缝纫线由于能透射被线遮挡时的各种面料的颜色，可使线迹不明显，从而有利于解决缝纫配线的困难，简化了操作。

（3）腈纶线　腈纶由于有较好的耐光性，染色鲜艳，适用于装饰缝纫线和绣花线（绣花线比缝纫线捻度低20％）。

（4）维纶线　维纶线由于其强度好，化学稳定性好，一般用于缝制厚实的帆布、家具布等，其热缩率大，缝制品一般不喷头熨烫。

3. 天然纤维与合成纤维混合缝纫线

（1）涤棉混纺缝纫线　涤纶强度高、耐磨性能好，但耐热性较差，棉却有耐热的优点。涤棉混纺的缝纫线，既能保证强度、耐磨、缩水率的要求，也有弥补涤纶不耐热的缺陷。常用65％的涤纶短纤维与35％的棉纤维混纺而成，适用于各种服装。

（2）包芯缝纫线　以合成纤维长丝（涤纶或锦纶）作为芯线，以天然纤维（通常为棉）作为包覆纱纺制而成，其涤纶芯线提供了强度、弹性和耐磨性，而外层的棉纤维可提高缝纫线对针眼摩擦产生高温及热定型温度的耐受能力。主要用于高速缝制厚层棉织物，也可用于一般缝制。

二　缝纫线的卷装形式

为了适应各种不同用途的要求，缝纫线的卷装形式常见的有：木芯线、纸芯线、宝塔线、梯形一面坡宝塔管几种形式。

1. 木芯线

木芯两边有边盘，可防止线从木芯上脱下，其卷绕长度较短，一般在200～500m，故适用于手缝和家用缝纫机。

2. 纸芯线

卷装长度为200m以内及500～1000m，适用于家用或用线量较少的场合。

3. 宝塔线

卷装容量大，为3000～20000m及以上，适合高速缝纫，并有利于提高缝纫效益，是服装工业化生产用线的主要卷装形式。

4. 梯形一面坡宝塔管

主要用于光滑的化纤长丝，容量为3000～20000m及以上。为防止宝塔成形造成脱落滑边，常用一面坡宝塔管。

三、缝纫线的品种规格与商标符号

1. 品种规格

有单丝（如透明线）和复丝15tex×34（135旦×34F）涤纶长丝缝纫线两种。捻向有S×Z（多数用此）及Z×S（摆梭式锁缝机和绣花机用）。在用单纱捻线时，有双股、三股、四股和多股复捻线（如45/2英支，60/4英支，60/2/2英支等）以及包芯线、变形线等。缝纫线的粗细、颜色更是多种多样，常用的有几十个品种。

2. 商标符号

在缝纫线包装的商标上，标志着线的原料、特数、股数及长度。也有用符号来表示的，如棉缝纫线，有时以前两位数表示单纱英支数，第三位数表示股数，803即是代表80/3英支的符号；602即是代表60/2英支。现都已改用特（tex）来表示。对合成纤维缝纫线来说，在国际上其商标有不同的编号系列，一般为10～180号。数字越大，表示线越细。

四、缝纫线的选配

缝纫线的种类繁多，性能特征、质量和价格各异。为了使缝纫线在服装加工中有最佳的可缝性和使用服装具有良好的外观和内在质量，正确地选择缝纫线是十分重要的。原则上，应与服装面料有良好的配伍性。

1. 面料的种类与性能

缝纫线与面料的原料相同或相近，才能保证其缩率，耐化学品性，耐热性以及使用寿命等相配伍，以避免由于线与面料性能差异而引起的外观皱缩弊病。缝线粗细应取决于织物的厚度和质量。为接缝纫强度足够的情况下，缝线不宜粗，因线粗要使用大号针，易造成织物损伤。高强度的缝线对强度小的面料来说是没有意义的。当然，颜色、回潮率应力求与面料织物相配。

2. 服装种类和用途

选择缝纫线时应考虑服装的用途、穿着环境和保养方式。如弹力服装需用富有弹性的缝纫线。特别是对特殊功能服装来说（如消防服），就需要经特殊处理的缝线，以便耐高温、阻燃和防水。

3. 接缝与线迹的种类

多根线的包缝，需用蓬松的线或变形线，而对于400类双线线迹，则应选择延伸性较大的线。特别是现代工业生产中的专用设备，可用于服装的不同部位，这为合理用线创造了有利条件。如缲边机，应选用细支或透明线；裆缝、肩缝应考虑线的坚牢，而扣服线则需耐磨。

4. 缝纫线的价格与质量

虽然缝纫线占成本比例较低，但是若只顾价格低廉而忽视了质量，就会造成停车，既影响缝纫产量又影响缝纫质量。因此，合理选择缝纫线的价格与质量是不可忽视的。

第五节　服装扣紧材料

服装上的扣、链、钩、环、带、卡等材料，对衣服起着连接和结合的作用，一般称这类材料为扣紧材料。扣紧材料是服装必不可少的附属材料，若是选用得当，对穿者及衣物的本身的装饰和点缀作用有意想不到的升华效果。扣紧材料主要有纽扣、拉链、钩、环、卡、绳、带、搭扣等。

 一　纽扣

1. 纽扣的种类

纽扣的种类很多，且有不同的分类方法。这里主要介绍以下两种分类方法。

（1）以纽扣的原料分　纽扣按原料可分为以下几种，如图5-21所示。

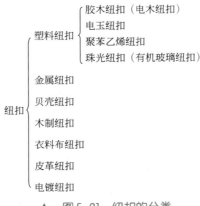

▲ 图5-21　纽扣的分类

① 塑料纽扣

a. 胶木纽扣。用酚醛树脂加木粉冲压成型的，多以黑色为主，有圆形的两眼与四眼扣。表面发暗不发亮，因此影响美观，质地比较脆，易碎，耐热性能尚好。规格有5～13mm9个品种。价格低廉。

b. 电玉纽扣。用尿醛树脂加纤维素填料冲压而成的圆形扣，有明眼与暗眼之分，规格有15mm、18mm、21mm、25mm、28mm及31mm6种。特点是秀面强度高。耐热性能好，不易燃烧，不易变形，色泽好看，有单色的也有夹花色的，因晶莹透亮，有玉石一样的感觉，故得"电玉"之称。价格便宜，经久耐用。

c. 聚苯乙烯纽扣。又名苯塑纽扣，用聚苯乙烯塑料注塑成型的圆形扣。以暗眼为立，有11mm、15mm、21mm3种规格。表面花型颇多，色泽有黄色、白色、果绿色、粉红色、天蓝色、橘红色、咖啡色等颜色。特点是光亮度与透明度均好。既耐水洗，又耐腐蚀。但质地较脆，表面强度低，易擦伤，耐热性能不够理想，遇热时易发生变形。多用于童装及便装。

d. 珠光（有机玻璃）纽扣。是用聚甲基丙烯酸甲酯加入适量的珠光颜料浆制成板材，然后经切削加工成表面闪有珍珠光泽的圆形扣。有明眼扣与暗眼扣之分，规格有11～30mm。特点是表面色泽鲜艳夺目，花色品种繁多，质地坚而柔和。但耐热性能较差，在60℃的水中泡洗易变形。一般用作衬衫、西装、大衣、外衣、皮革服装的纽扣。

② 金属纽扣

a. 电化铝纽扣。是用铝薄板切割冲压而成型，表面经电氧化处理后呈黄铜色，多为圆形，也有钻石形、鸡心形、菱形。规格有15mm、18mm、20mm 3种，特点是质轻不易变色，但手感不舒适，易磨断缝纽线。一般用于女式外衣及童装。

b. 四件扣。上下四件的结构组成，是由金属材料外表镀以锌或铝。规格是15mm，启开拉力为1.5kg。使用时需在上下铆合处垫一小块皮革。特点是合启方便，坚牢耐用，对服装有装饰作用。多用于羽绒衣及夹克衫。

c. 按扣。又称子母扣，原料主要是铜的合金。分大、中、小三种规扣，大号适宜钉沙发套、被褥套、棉衣等；中号、小号用于内衣、单衣及童装。一般用于常开解部位。

d. 其他。有镀铬纽扣、镀铜纽扣、古铜纽扣等。是塑料注塑成型后表面电镀上各种金属，有仿铜、仿金等各种颜色。因以塑代金属，故质量非常轻，又不失庄重富丽的效果，宜作各种外衣用扣。

③ 贝壳纽扣。用水生的硬质贝壳（多以海螺壳为主）材料加工制成。正面为白珍珠母色，呈天然珍珠效应，多为四眼圆形的明眼扣。特点是质地坚硬，光感自然，但颜色单调，易发脆和易损坏。多用作男女浅色衬衫及医用消毒服。

④ 本质纽扣。用桦木、柚木经切削加工制成的纽扣，分本色的与染色的两种，以圆形为少，异形为多，一般有竹节形的、橄榄形的。特点是给人以真实感，自然大方，表面涂上清漆更显光亮富丽。

⑤ 衣料布纽扣

a. 包布纽扣（又称包扣）。由本衣料的边角料中包上胶木纽扣后，用手缝制而成。特点是与服装协调，浑然一体，但易损坏，多用于女装及便装。

b. 编结纽扣（又称盘花扣）。用本衣料的边角料或丝绒制作而成。由纽祥条和纽头两部分组成，为传统的中式服装纽扣，独具民族特色。

⑥ 皮革纽扣。用皮革的边角料，先裁制成带条后，再编结成型。多为圆形及方形，给人以丰满厚实的感觉，又坚韧耐用，多用于猎装及皮革服装。

⑦ 尼龙纽扣。由聚酰胺塑料注塑加工制成，分本色和表面染色。染色的色泽柔和，有单色、双色两种。特点是坚而柔、有弹性、价格便宜，主要用于运动服及童装。

⑧ 人造骨质纽扣。用酪蛋白为原料，挤压成棒材的，然后用切削成型的方法制成。仿各种动物骨形状，可染成多种颜色。特点是耐热性能好、耐腐蚀、经久耐用、手感舒适。多用于高级衬衫、时装、毛衫等。

⑨ 玻璃纽扣。玻璃纽扣有圆形的与珠子形的，由熔化了的玻璃压制而成，有12mm、25mm两种，分透明的及彩色的。特点是耐热、耐洗，光滑瑰丽，但不耐冲击，易破碎，以制成小型为宜。多用于童装。

（2）以纽扣的结构分

① 有眼纽扣。在纽扣的表面中央有四个或两个等距离的眼孔，以便用线手缝或钉扣机缝在服装上。有眼纽扣由不同的材料制成，其颜色、形状、大小和厚度各异，以满足不同服装的需要。其中正圆形纽扣量大面广。四眼扣多用于男装，两眼扣多用于女装。

② 有脚（柄）纽扣。在扣子的背面有凸的扣脚（柄），柄上有弘，或者在金属纽扣的背面有一金属环，以便将扣子缝在服装上。扣脚（扣柄）的高度，是用于厚型，起绒和蓬松面料的服装，能使纽扣在扣紧后保持平整。纽扣表面雕花或制作有标志图案时，亦需有柄的结构。

③ 揿钮（按扣）。一般由金属（铜、钢、合金等）制成，亦有用合成材料（聚酯、塑料等）制成的。揿钮是强度较高的扣紧件，容易开启和关闭。金属揿钮具有耐热、耐洗、耐压等性能，所以广泛应用于厚重布料的牛仔服、工作服、运动服以及不宜锁扣眼的皮革服装上。非金属的揿钮也常用在儿童服装与休闲服装上。

④ 编结纽扣。用服装面料缝制布带或用其他材料的绳、带经手工缠绕编结而制成的纽扣，这种编结扣，有很强的装饰性和民族性，多用于中式服装和女式时装。

2. 纽扣的选配

在设计与制作服装时，选配纽扣要考虑到以下因素。

（1）纽扣应与面料的性能相协调　常水洗的服装要选不易吸湿变形且耐洗涤的纽扣。常熨烫的服装应选用耐高温的纽扣。厚重的服装要选择粗犷、厚重、大方的纽扣。

（2）纽扣应与服装颜色相协调　扣子的颜色应与面料颜色相协调，或应与服装的主要色彩相呼应。

（3）纽扣造型应与服装造型相协调　纽扣具有造型和装饰效果，是造型中的点和线，往往起到画龙点睛的作用，应与服装呼应协调。如传统的中式服装不能用很新潮的化学纽扣，休闲服装应选用粗犷的本质或其他天然材料的纽扣，较厚重、粗犷的服装应选择较大的纽扣。

（4）纽扣应与扣眼大小相协调　纽扣大小是指纽扣的最大直径尺寸，其大小是为了控制孔眼的准确和调整锁眼机用。一般扣眼要大于纽扣尺寸，而且当纽扣较厚时，扣眼尺寸还须相应增大。若纽扣不是正圆形，应测其最大直径，使其与扣眼吻合。为了提高服装档次，应在服装里料上缀以备用纽扣。

大衣、外衣用扣为28～40mm，棉衣、罩衣为15～26mm，男式衣服用扣为11.5～34mm，女式衣服用扣为10～15mm，儿童衣服用扣为12～15mm。其中按扣分为大、中、小三号，大号适用于沙发套、被褥套、棉大衣等；中号适用于棉布衣服、枕套等；小号适用于单衣、绒衣、裙衫、绸布衣服、内衣和童装等。

（5）纽扣选择应考虑经济性　低档服装应选低廉的纽扣，高档服装选用精致耐用、不易脱色的高档纽扣。衣服上纽扣的多少，要兼顾美观、实用、经济的原则，单用纽扣来取得装饰效果而忽视经济省工的做法是不可取的。

（6）纽扣选择应考虑服装的用途　儿童服装因孩子们有用手抓或用嘴咬的习惯，应选择牢固、无毒的纽扣。职业服装除了考虑纽扣的外观外还要考虑耐用性及选用具有特殊标志的纽扣。

（7）纽扣在选用时应注意保管　各类塑料扣遇70℃以上高温就会变形，所以不宜用熨斗直接熨烫，不要用开水洗涤。同时，塑料扣应避免与卫生球、汽油、煤油等接触，以免变形裂口。电木扣不怕烫，但经过多次洗涤后会失去光泽。

二 拉链

拉链是可以相互啮合的两条单测牙链，通过拉头可以重复开合的连接物。由于拉链用于服装紧扣时，操作方便，服装加工工艺也较简单，故应用广泛。

1. 拉链的结构

拉链主要由底带、边绳、头掣、拉链牙、拉链头、把柄和尾掣构成。在开尾拉链中，还有插针、针片和针盒等结构。

其中，拉链牙是形成拉链闭合的部件，其材质决定着拉链的形状和性能。头掣和尾掣用以防止拉链头、拉链牙从头端和尾端脱落。边绳织于拉链底带的边缘，作为拉链牙的依托。底带衬托拉链牙并借以与服装缝合。底带由纯棉、涤棉或纯涤纶等纤维原料织成并经定形整理，其宽度随拉链号数的增大而加宽。拉链头用以控制拉链的开启与闭合，其上的把柄形状多样、精美。既可作为服装的装饰，又可作为商标标识。拉链是否能锁紧，则靠拉链头上的小掣子来决定的。插针、针片和针盒用于开尾拉链。在闭合拉链前，靠针片与针盒的配合将两边的带子对齐，以对准拉链牙和保证服装的平整定位。而针片用以增加底带尾部的硬度，以便针片插入针盒时配合准确与操作方便。

拉链的号数由拉链牙齿闭合后的宽度的毫米数而定。号数越大，说明拉链牙越粗，扣紧力越大。

2. 拉链的种类

拉链可按其结构形态和构成拉链牙的材料进行分类。

（1）按拉链的结构分

① 开尾拉链。两侧牙齿可以完全分离开。用于前襟全开的服装，如夹克衫、防寒服等。

② 闭尾拉链。分为一端闭合和两端闭合两种。前者用于衣服领口、裤、裙、鞋等，后者用于口袋箱包等。

③ 隐性拉链。牙齿很细且合上后隐蔽于底带下，用于裙装、旗袍及女式时装。

（2）按拉链牙齿的原料分

① 金属拉链。主要由铜、铝等金属制成拉链的牙齿。

铜质拉链较耐用，个别牙齿损坏后可以更换新齿。缺点是颜色单一，牙齿易脱落，价格较高。用于牛仔服、军服、皮衣、防寒服、高档夹克衫等。

铝制拉链其强力较铜质拉链差一些，但其表面可经处理成多种色彩的装饰效果，且价格也较低。主要用于中低档夹克衫、休闲服等。

② 塑料拉链。主要由聚酯或尼龙的熔融状态的塑料注塑而成。

这种拉链质地坚韧、耐磨、抗腐蚀、耐水洗、色彩丰富、手感柔软、牙齿不易脱落。缺点是牙齿颗粒较大，有粗涩感。其牙齿面积大，可以在上面嵌以人造宝石等，有很强的装饰作用。用于较厚的服装、夹克衫、防寒服、工作服、运动服、儿童服装等。

③ 尼龙拉链。这种拉链是用聚酯或尼龙丝呈螺旋线状缝织于布带上。拉链表面圈状牙明显的为螺旋拉链；将圈状牙隐蔽起来的即为隐形拉链。这种拉链柔软轻巧，耐磨而富有弹性，也可染色。普遍用于女装、儿童服装、裤子及T恤等服装上。特别是尼龙丝易定形，可制成小号码的细拉链，用于轻薄的服装上。

3. 拉链选配

选择拉链应考虑以下几方面因素。

（1）面料性能　底带有纯棉、涤棉、纯涤纶原料的不同类型。纯棉服装应选用纯棉底带的挂链，否则由于缩水率不一致，会使服装变形。厚重面料的服装应选粗犷的塑胶拉链，轻薄服装应选小号尼龙拉链。

（2）服装用途　内衣应选较细小的拉链，外套选较粗犷的拉链。

（3）保养方式　常水洗的服装应选耐洗的塑料拉链。

（4）面料颜色　除隐性拉链外，底带颜色应与面料颜色相近或相同。

三　钩

钩是安装在服装经常开闭处的连接物，多由金属制成，左右两件的组合。一般有领钩、裤钩。

1. 领钩（风纪扣）

有大、小号之别，是用钗线或铜丝定型弯曲而成，以一钩、一环为一副，特点是小巧，不醒目，使用方便，用于服装立领的领口处。

2. 裤钩

用铁皮及铜皮冲压成型，再镀上铬或锌使表面光亮洁净，由一钩、一槽为一副，有大号与小号之分，因使用方便，多用于裤腰口及裙腰钩挂处。

四　环、卡

环、卡是用来调节服装松紧，并起装饰作用的辅料。

1. 环

环主要由金属制成双环结构，使用时一端把双环钉牢，另一端套拉，从而达到调节松紧的目的。常用的环有裤环、拉心扣等，钉在工作服、夹克衫、裙、裤的腰头上。

（1）裤环　金属制成的双环结构，用时一端钉住环型，另一端缝一短带钉住，以备套拉用。裤环的结构简单，略有调节松紧的作用，多在裤腰处。

（2）拉心扣　金属制成的长方形的环，中间有一柱可以左右滑动，以此调节距离，规格多是70mm×50mm。特点是使用方便、灵活。多用于腰头或西装马甲。

2. 卡

卡又称腰夹。所用材料有有机玻璃、塑料、金属电镀、尼龙等，用于连衣裙、风衣、大衣的腰带上束紧腰部。有圆形、方形及椭圆形之分，收腰方便，又能对服装起装饰作用。

五、绳、带、尼龙搭扣

绳、带、尼龙搭扣也是服装设计中不可忽视的辅料，运用得当能充分发挥其装饰效果。

1. 绳

绳是由多股纱或线捻合而成，直径较粗。绳的原料很多，有棉绳、麻绳、丝绳、弹性松紧绳及各种化纤绳。绳的颜色丰富多彩，粗细规格多样，用于服装上既起固紧作用，又起装饰作用。在运动裤的腰部、防寒服的下摆、连衣帽的边缘等处，拉往使用绳带进行扣紧，并增加装饰作用，是常用于羽绒服、风雨衣、夹克衫、羊毛衫、裤腰、帽子、鞋等处的辅料。为了避免绳带滑脱，一般在绳带的端部作打结或套结等。我们选绳时应根据服装面料的厚薄、颜色、材料、款式、用途来定绳的材料、颜色及粗细。

2. 带

是由棉、人造丝、锦纶丝、蚕丝、维纶丝、涤纶丝等原料，按机织、针织、编织等方法制成的扁平状织物。颜色繁多，宽窄厚薄不一。常用于滚边、门襟、帽墙、背包带、儿童服装及女装的装饰上。

3. 搭扣

是由锦纶丝织制而成的两根能够搭合在一起的带子，由两层锦纶带构成，一层表面有许多密集排列的锦纶丝小钩，另一层表面布满锦纶丝小圈。两层带的表面搭合时，小钩钩住小圈。分离时，通过撕拉，使小钩在外力作用下产生弹性变形，小圈脱出。搭扣带一般用缝合法固定于服装上。搭扣带主要用于衣服需要迅速扣紧或开启的部位，如门襟、袋盖，也用作松紧护腰带、沙发套、背包等。

六、服装扣紧材料的选配

根据下列各点来选择合适的扣紧材料。

1. 服装的种类

婴幼儿服装和儿童服装的扣紧材料要简单而安全，一般采用尼龙拉链或搭扣是合适的，因它们柔软舒适并易于穿脱。男装用的扣紧材料要选重厚和宽大一些的，而女装上的扣紧材料要十分注意其装饰性。

2. 服装的设计和款式

扣紧材料也讲究流行，所以在选用时要符合流行款式。扣紧材料应与服装的款式协调呼应。

3. 服装的用途和功能

要根据服装的用途来选用合适的扣紧材料。如风雨衣、游泳装的扣紧材料要能防水，并且耐用，因此，用塑胶制品是合适的。女内衣的扣紧件要小而薄，重量轻，但要牢固。裤门襟和裙装的拉链一定要自锁。

4. 服装的保养方式

有些服装是需要经常水洗的，因此应少用或不用金属扣紧材料，以防金属生锈而沾污服装。

5. 服装的材料

一般厚重和起毛的面料应用大号的扣紧材料，轻而柔软的衣料应选用小而轻的扣紧材料。松结构的衣料，不宜用钩、袢和环，以免损伤衣料。起毛织物和毛皮材料应尽量少用扣紧材料。

6. 扣紧件的位置和服装开启形式

如扣紧部位在后背，应注意操作简便。如果服装扣紧处无搭门，则不宜钉纽扣和开扣眼，而宜使用拉链和钩袢。

7. 扣紧件的应用方式

有眼揿钮和有脚纽扣是需要手工缝合的，有眼纽扣和四件扣则可用钉扣机来缝钉。手钉的成本绝对比机钉高，但亦需考虑本单位的设备条件与使用扣紧材料的可行性与成本。扣紧件的质量与成本应和服装档次相匹配。

第六节　服装的其他辅料

在服装设计和加工中，除了前面所介绍的辅料之外，像花边、商标、绦子、珠子和光片、松紧带、罗纹带、商标、产品示明牌、号型尺码带等辅料也是不容忽视的。

 花边

花边是指有各种花纹图案起装饰作用的带状织物，按加工方式分为机织、针织（经编）、水溶性花边、编织四类。

 1. 机织花边

原料有棉线、蚕丝、人造丝、锦纶丝、涤纶丝、金银线等，通过提花机控制经纱与纬纱织成。可以多条同时织或独幅织后再分条，宽度一般为0.3 ~ 17cm。机织花边质地紧密，色彩丰富，立体感强。其中棉纱做经，黏胶丝做纬的丝纱交织花边，图案多数是吉祥如意等，具有民族特色，所以也称民族花边，常用作少数民族服装和节日特制服装装饰之用。

 2. 针织花边

原料采用锦纶丝、涤纶丝、人造丝，花边宽度可自行设计。这种花边孔眼多，组织稀松，外观轻盈，缺乏立体感。花边又分有牙口和无牙口两类。无牙口花边用于服装的某些部位起装饰作用，有牙口的花边用于装饰用品，或服装的边缘部位。

 3. 水溶性花边

以水溶性非织造布为底布，用黏胶长丝作绣花线，用刺绣机绣在底布上，再经热水处理使水溶性非织造底布溶解，剩下的是立体的花边。花边密度为1 ~ 8cm，花边变化很大，不一定是狗牙边，花形也较活泼，富有立体感，常用于各种服装及装饰品中。

 4. 编织花边

采用棉纱为经，棉纱、人造丝、金银线为纬，以平纹、经起花、纬起花织成各种颜色的花边，宽度在1 ~ 6cm。花边一般是狗牙边，通过改变狗牙边的大小、弯曲弧度，间隔变化来丰富花边的造型。花边窄而厚实，是档次较高的一种花边，可用于各类服装服饰的装饰辅料。

（二） 绦子

绦子是用丝线编织而成的圆或扁平状的带状物，一般用作镶衣边、枕头、窗帘、装饰品及戏装的装饰作用。

三、珠子与光片

珠子与光片是服装及服饰的缀饰材料。

珠子是圆形或其他形状的几何体，中间有孔。采用丝线将有孔珠子穿起来，镶嵌在服装上用作装饰。一般用人造珍珠代替天然珍珠。

光片是圆形、水滴形或其他形状的薄片，片上有孔。它们采用各种颜色的塑料或金属制成，用线将它们穿起来，镶嵌在服装上，在光照下闪闪发光，显得富丽堂皇。常用于女式服装、儿童服装及舞台服装等。

四、松紧带

织有弹性材料的扁平带状织物。松紧带的品种繁多，花色丰富，由过去只适宜于内衣裤的松紧作用，发展到现在广泛用于运动衣、内衣、外衣、手套、袜带、腰带等。

五、罗纹带

用棉纱与纱包橡胶线针织的带状罗纹组织物。因表面呈罗纹状凸起，故称罗纹带。颜色常见的有藏青色、原色、咖啡色及少量的其他颜色。主要用于领口、衣口、袖口、裤口等。

六、商标

服装的商标是企业用以与其他企业生产的服装相区别的标记。这些标记用文字和图形来表示。商标设计和材料的使用，在当今社会重视服装品牌的情况下尤为重要。服装商标的种类很多，根据所用材料看，有胶纸、塑料、织物（包括棉布、绸缎等）皮革和金属等。其制作方法有印刷、提花、植绒等。商标的大小、厚薄、色彩及价值等应与服装相配伍。

七、号型尺码带

服装的号型尺码带是服装的重要标志之一，一般用棉织带或人造丝缎带制成，说明服装的号型、规格、款式、颜色等。

八、服装产品的示明牌

服装的示明牌是用以说明服装的原料、使用方法和保养方示及注意事项，如洗涤、熨烫标记符号等，对于经过特殊整理的服装也应示明。

九、衬垫

衬垫是为了使服装穿着时充分体现衣饰美及形体美而采用的一种衬垫物。常用衬垫有肩垫与胸垫两种。

1. 肩垫

上衣肩部的三角形垫物，能使肩部加高加厚，且又平整，达到挺括、美观的目的。肩垫有用白布絮棉花针做而成和泡沫压制而成，后者即为泡沫肩垫与化纤肩垫。肩垫如图5-22所示。

▲　图5-22　肩垫

① 泡沫肩垫。分为男式与女式两种，用聚氨酯泡沫塑料经切割压制而成，有白色与黄色两种，形似海绵状，特点是柔软而富有弹性，肩形饱满，常用作西装、大衣的肩垫。

② 化纤肩垫。分为男式与女式两种，以黏胶短纤维与涤纶短纤维为原料，形似棉花，是用定型机特殊加工压制而成的。特点是质轻、柔软，缝制方便，但是弹性稍差。用于西装及大衣的此种肩垫要注意不耐高温熨烫，以防皱缩。

2. 胸垫

衬在上衣胸部的衬垫物。其目的是突出胸部造型，使其丰满，使穿着者更富人体美感。胸衬分为胸衬垫与文胸衬垫两种，高档面料的胸垫多用马尾衬加填充物做的。文胸衬垫也有用泡沫塑料压制的。彩色胸垫如图5-23所示。

▲　图5-23　彩棉胸垫

总之，上述辅料使用得当，将有利于提高服装的档次并利于销售。

思考与练习

问答题

1.衬料的分类有哪些?

2.衬料的作用有哪些?

3.里料的分类及作用有哪些?

4.拉链的选择依据有哪些?

5.填料的分类及作用有哪些?

6.举例说明选择衬料应注意的问题。

第六章 服装及其材料的保养和整理

- 第一节 服装及其材料的洗涤与去污
- 第二节 服装及其材料的熨烫
- 第三节 服装及其材料的保管

学习目标

1. 掌握服装材料的洗涤、去污方法。

2. 理解服装熨烫方法。

由于服装材料和整理方法日益增多，对服装及其材料的识别、选择以及对服装的使用保养增加了难度，正确而科学的使用和保养服装，才能保持其良好的外观和性能。

第一节　服装及其材料的洗涤与去污

　　服装材料与服装在生产加工、销售和穿着使用过程中都易脏污，须采用一定的方式才能去除污垢。不同的污垢应使用不同的去污方法。合理的去污方法可以保证服装不变形、不变色及不损伤材料，保持服装的优良外观和性能，从而延长服装的使用寿命。

一 服装上的污垢

1. 污垢的种类

　　污垢是1/100到几个微米大小的尘埃及各种化学物品。着装的污垢来自于两个方面。一是体内，人体因新陈代谢，通过皮肤的汗腺、皮脂腺等向体外排出的汗水及油脂，与脱落的皮屑一起构成服装内部的脏源。二是体外，外界的污垢来源较广泛，如风沙、烟灰、厨房与汽车的油烟、机器上的油污及黏上的果汁、菜汤等，还有酸、碱、盐、化学药品等。

　　常见衣物污渍的种类和主要特点如下。

　　（1）油脂性污渍　植物油、动物油、矿物油等在衣物上形成的污渍，统称油脂性污渍。因为油脂会沿着织物纤维渗透，所以这类污渍一般没有明显的边界，常呈现纵横交错状，而且随着时间的延续油脂氧化或经微生物的作用，其颜色也由浅棕色变为深色。完全被氧化的油脂一般不易去除干净。

　　（2）蛋白类污渍　这类污渍是由动物脂或蛋白质造成的。常见有血渍、汗渍、奶渍、呕吐物、人体分泌物、肉汁等。蛋白类污渍沾染到织物表面后，经刮会发白。牛奶或酸奶渍多为乳白色，外观均匀，发黏；动物肉汁渍为红色或黄棕色；尿渍为黄色或棕色，新渍多呈现酸性，陈渍呈碱性；除了新沾染的蛋白质污渍外，这类污渍一般不溶于水。高温、时间、酒精等都会使这类污渍与纤维结合得更为牢固。黏胶纤维上的蛋白则更难于彻底去除干净。由于蛋白质遇某些溶剂会凝固，因此去除含有蛋白质的污渍时，切勿使用溶剂。

　　（3）单宁类色素渍　这类污渍是指来源于植物汁液、各种果汁渍、茶水渍和水果渍等。除新沾染的单宁类污渍外，这类污渍一般也不易溶于水，与酸反应可使之变为可溶性的物质。这类污渍怕遇高温或碱性材料，甚至渍迹存在的时间增加会加剧去渍的难度。单宁类污渍的颜色一般从棕黄色或深棕色，其存在的时间越长，颜色越深。这类污渍轮廓清晰，渍迹边缘的颜色更深些。除此之外，由于某些中药配方药剂常含有单宁酸类物质，其在衣物上形成的污渍也应首先作为单宁酸类色素来处理。例如止咳糖浆，其含有松焦油和薄荷醇，并含有蜂蜜糖浆。这类污渍呈棕色，湿态发黏，干时变硬，刮时变白。一般首先采用去单宁渍的方法处理糖浆渍，有些止咳糖浆渍还须考虑采用分解刺（即酿制剂）。此外，啤酒、果子酒、巧克力、咖啡等物质形成的污渍中除蛋白质以外，这些污渍中还常含有单宁酸类的物质。由于单宁质遇碱或遇到高温后会变得更加难以去除，所以去除这类污渍时，应首先去除污渍中的单宁质，再按蛋白质污渍处理。

（4）水性色素（墨水）类污渍　这类污渍多为各种墨水或染料在衣物上形成的污渍，诸如纯蓝墨水、蓝黑墨水、红墨水、碳素墨水等。由于各种墨水的成分各不相同，故去除方法也应有所区别。但这类材料为颜料微粒或染料均匀地分散在连接料中而成。这类物质的连接料由树脂和挥发性溶剂等配制，根据需求再加入适量的干燥剂和水。由于水和连接料的渗透、挥发空气的氧化作用，书写之后能较快地干燥固着。这类物质对织物虽然也有相对较强的渗透能力，但浸润力不及油脂，故其形成污渍后边界仍较明显。碳素墨水、墨汁由于树脂含量较大，还常使织物纤维变硬。

（5）其他污渍　这类污渍系指衣物上的铁锈、霉斑渍、腐蚀斑渍、焦斑渍以及某些无法判断污渍源的污渍等。

以上所述的污垢，往往不是单独存在的，它们相互黏结成一个复合体，随着时间的延长，受到外界条件的影响，易氧化分解并产生更复杂的化合污垢，这样就更难去掉了。在服装的去污过程中应根据污垢的内容、服装的结构、服装的材料等特征进行，从而达到去污和保护服装的目的。

2. 服装与污垢结合的形式

在一般情况下，任何物体间都存在着吸引力，吸引力有大有小。污垢尘埃与服装接触后会吸附在服装上（浮尘除外）。其结合的机理如下。

（1）机械性吸附　机械性吸附是污垢与服装结合的一种简单形式，主要是指随空气飘浮的尘土微粒散落在织物的空隙和凹陷部位，被吸附在服装褶裥处、拼接的凸片边缘、纱线间的空隙等地方而不掉落。这种附着作用与服装材料的组织结构、密度、厚度、表面处理、染色及后整理有关。疏松面料的表面凹凸明显，绒毛、污粒被吸附较多；紧密面料不易积尘沾污，但污粒的洗落也很困难。对付这种类型的污垢，可以通过洗涤过程中的水流冲击力，从而使污垢从服装上脱落，达到去污的目的。此法对去除在1微米以下的污垢粒子有一定的难度，如图6-1所示，为放大了的污垢附着在服装上的状态示意图。

（2）物理结合　分子之间存在的相互作用力是污垢附着在服装上的主要原因。如来源于人体内外的油脂，其污粒借助分子间力而附着于纤维上，且易渗透到纤维内部；同时污垢颗粒常带有电荷，当污垢与带有相反电荷的服装材料接触时，相互之间的黏附就显得更为强烈了，这种形式对于化学纤维更为明显，化纤织物由于摩擦常带有一定的电荷，很容易吸附带相反电荷污垢。在水中常有微量多价金属盐，如钙、镁等离子，带负电荷的纤维通过钙、镁等离子与带正电荷的污垢强烈结合。要取出这种污垢，须用洗涤剂。

（3）化学结合　污垢与衣服的结合并非生成一种新的物质，而是指脂肪酸、黏土、蛋白质等一些悬浮

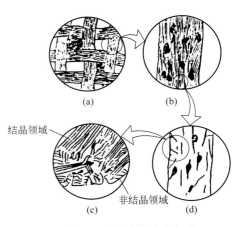

▲　图6-1　污垢的结合方式

液或溶有污粒的液体透入纤维内部，污粒与纤维分子上的某些基团，通过一定的化学键结合起来，黏附在织物上，如同染色一样。这类污垢一般不易除掉，必须采取特殊的化学方法处理，破坏导致其结合的化学键。如：织物上的血污可是用蛋白质酶来分解去除；铁锈斑污可利用草酸的还原性能，使之转化为草酸铁而除掉。

二 服装的去渍

去渍是指应用化学药品加上正确的机械作用，去除常规水洗与干洗无法洗掉的污渍的过程。这些污渍往往在服装的局部上造成较严重的污染，除了洗涤之外，需要进行局部去污。有些污渍在水洗与干洗之前较易去除。污渍的性质决定了应采用哪种去渍剂和去渍方法。

1. 去渍的方法

不损坏服装的去渍才是成功的去渍方法，因此，在去渍操作过程中，安全是第一重要的。对不同的污渍，要使用不同的化学药品，而不同性质的污渍，去渍的方法也不一样，需要灵活掌握。

（1）喷射法　去渍台（去渍的专用设备）上配备的喷射枪能提供一种冲击的机械作用力，利用此力可去除水溶性污渍，但需考虑织物结构和服装结构的承受能力。

（2）揩拭法　揩拭法是使用刷子、刮板和包裹棉花的细布等工具，来处理织物表面上的污渍，使之脱离织物。

（3）浸泡法　对于那些污渍与织物结合紧密、沾污面积大的服装需用浸泡方法，使化学药品有充分的时间与污渍发生反应。

（4）吸收法　对于那些精细并结构疏松、易脱色的织物采用此法。在加注去渍剂后，待其溶解，用棉花类吸湿较好的材料吸收被去除的污渍，但应注意及时去除棉花团上的污渍或更换棉花团。

2. 去渍的步骤

不同的污渍有不同的去渍步骤，同一污渍在不同的服装材料上也有不同的去渍办法。确定最佳的去渍方案是极其重要的，应以简单、快捷、对服装的损害小为基本原则。根据服装及污渍的性质确定去渍的几种步骤如下。

（1）确定是干性去渍还是湿性去渍　去除同一污渍往往有几种方法，但对具体的服装而言，因其材料与款式的原因，就有干性去渍和湿性去渍之分。有的服装及服装材料不适宜用湿性去渍剂，因它会引起服装的变形。如：毛织物适宜用干性去渍，西服、大衣、婚纱也应用干性去渍。有的污渍可用湿性处理，如鞣酸渍、蛋白渍等；而有的污渍需用干性处理，如染料渍、唇膏渍、指甲油渍等。

（2）确定去渍对服装的损伤程度　对服装损伤的程度直接影响服装的去渍步骤，它涉及服装的款式、服装材料的结构等。服装款式复杂、服装材料结构疏松的在去渍时应格外小心。

（3）确定去渍是否方便与费用是否经济　服装污渍的去除方法和去渍剂的选择，应根据服装材料的特性、操作的简便性、费用的经济性来进行。例如，圆珠笔油渍的去除有以下几种方案：①用苯揩拭；②用四氯化碳揩拭；③用汽油揩拭；④用丙酮揩拭；⑤用酒精皂液揩拭；⑥用碱性洗涤剂揩拭。

以上方案中具体选用何种方案，首先要考虑到服装材料。如是毛料，则用①~④方案，不能用后面的方案；如是涤棉面料，则可选择⑤~⑥方案。

三　服装的水洗

在除去服装上局部的特殊污渍后，整件服装的洗涤方式一般根据服装上的污垢内容、服装材料、服装款式等来确定，以保证服装的正常使用及经济、快捷去污。水洗是以水为载体加以一定的洗涤剂及其作用力来去除服装上无垢的过程，它能去除服装上水溶性污垢，简便、快捷、经济。但由于水能使一些服装材料膨胀，加上去污时的作用力较大等因素，易导致服装变形、缩水、毡化、退色或渗色等问题。因此，在水洗前应对服装进行甄别。水洗的条件、方法和步骤如下：

1. 洗涤条件

（1）水　服装水洗的优势在于：水的溶解能力和分散能力强，对无机盐、有机盐都有较强的溶解作用，同时对碳水化合物、蛋白质、低级脂肪酸、醇类等均有良好的溶解、分散能力；使用方便，在温度0~100℃时为液体，服装洗后可以较为方便地进行干燥，无毒、无味、价廉。

（2）洗涤剂　洗涤剂是指能够去除污垢的物质，用于水洗的洗涤剂主要是以合成表面活性剂为基本组分配制而成的合成洗涤剂。合成洗涤剂实际上是多种组分复配而成的混合物，由表面活性剂与助洗剂组成。

① 表面活性剂：是两亲（亲水、亲油）分子构成的物质。将少量的这种物质加入水溶液中，能显著降低水溶液的表面张力。根据表面活性剂在水中离解出的有表面活性的离子所带电荷的不同，可分为阴离子型表面活性剂、阳离子型表面活性剂、两性型表面活性剂及非离子型表面活性剂等几种。

阳离子型表面活性剂不适合在碱性溶液中使用，两性型表面活性剂生产量小、价格贵。所以常用的是阴离子型表面活性剂和非离子型表面活性剂两种。它们都具有吸附、润湿、乳化、分散、增溶等作用。阴离子型表面活性剂还具有良好的起泡作用。

常用的阴离子型表面活性剂有以下几种。

a. 肥皂。肥皂的水溶液呈碱性（pH为8~10），在水中具有良好的泡沫、乳化、润湿、去污作用。但是，在硬水中会生成不溶于水的钙皂、镁皂，所以在硬水中用它做洗涤剂就不太合适。

b. 烷基苯磺酸钠。它在水中的去污力、乳化力、泡沫性都很好，在酸性和硬水中都很稳定，但是由于其防止污垢再沉淀的能力较差只有在添加其他助剂后才可以得到改善。我国制造的合成洗涤剂中大量使用这种阴离子表面活性剂。

c. 脂肪醇硫酸钠。它在水中的去污力、乳化性能都比较好，泡沫稳定，对皮肤刺激较小。这种表面活性剂广泛用于毛、丝一类精细织物的洗涤，也可以用于棉、合成纤维织物的洗涤。

常用的非离子型表面活性剂有以下几种。

a. 烷基酚聚氧乙烯醚。它在水中具有良好的去污、乳化、润湿、分散等作用，并具有较好的耐酸、耐碱、耐硬水能力。

b. 脂肪醇聚氧乙烯醚。它在水中的润湿、去污、乳化等性能都较好，在硬水中也可以使用。

c. 聚醚。它是近年来生产低泡沫洗涤剂时常用的非离子型表面活性剂。

② 助洗剂

a. 无机助洗剂。这种助洗剂溶解于水中并离解为带有电荷的离子，吸附在污垢颗粒或织物的表面，有利于污垢的剥离和分散。常用的无机助洗剂有三聚磷酸钠、硅酸纳、碳酸钠、硫酸钠、过硼酸钠等。

b. 有机助洗剂。常用的为羟甲基纤维素钠盐。它在洗涤剂中具有防止污垢再沉淀的作用。此外，还有荧光增白剂。它是一种具有荧光性的无色染料，吸收紫外线后，会发出青蓝色荧光，当这种增白剂吸附在织物上后就可以使白色织物洁白，花色织物更为鲜艳。

c. 其他助剂。其他助剂有：酶制剂、色料及香精等。

洗涤剂在复配时必须注意两个问题。一是它能把污垢从需洗净的材料上分离出来，而且必须使污垢悬浮或分散，使之不会再黏着在材料上；二是应该具有节能和高效的特点，不能损伤材料，无毒，对人体没有刺激，生化降解性好，对环境无污染。

（3）洗涤设备

洗涤设备是服装洗涤必备的工具，在洗涤时，对服装施以一定的作用力，加强洗涤剂与服装之间的作用，加速污垢的清除。不同的方式采用不用的设备，有手洗和机洗之分。

① 手洗：常用的工具有：木盆和铝盆、搓板、刷子、（竹篦刷、尼龙刷、鬃刷、软毛刷）棒槌等。从服装材料来说，棉、麻织物适合各种洗涤工具，毛料外衣可采用刷洗的方法，丝绸、拉毛织物和各种毛线织物要用揉洗的方法。

② 机洗：可分为家庭洗与商业洗（也称工业洗），所用的设备比较多，且比手洗复杂，对服装及服装材料的机械作用力比手洗大。

2. 洗涤方式

（1）服装分类　在服装洗涤前，首先应根据材料的纤维原料、织物结构、服装的形态和颜色（深、中、浅）等进行服装预分类，以便分别对待。

① 按颜色分：首先应该把颜色较深的衣服与颜色鲜艳的衣服挑出，因为这类衣服有掉色的可能。深色、浅色的衣服要分开洗涤。

② 按服装精细程度分：把那些纤细的衣料挑出，包括丝织物、轻薄织物等，这类服装最好不要放进洗衣机内洗涤，应用手洗，避免损伤。毛线衣类也应挑出进行手洗，因为机洗

会对它们造成伤害。内衣、内裤、袜子等小件物品或易变形的服装也应挑出来，进行手洗；或者将以上物品装进洗衣网中，再与同类织物的衣物一起洗涤。

③ 按纤维原料分：按纤维原料分类时，要把毛及含毛量高的衣服挑出来应干洗，否则会引起缩绒，造成服装变形。

（2）水洗服装分类　水洗（机洗）的服装根据前面的原则可分为以下六类。

① 白色纯棉、纯麻服装。

② 白色或浅色棉、麻及混纺织物服装。

③ 中色棉、麻及混纺织物服装。

④ 深色或浅色化纤织物服装。

⑤ 深色棉、麻及混纺织物服装。

⑥ 深色化纤织物服装。

3. 洗涤温度

与其他化学或物理的过程一样，加热时可以加速物质分子的热运动，提高反应速度。温度对去污作用是有相当影响的。随着洗液温度的提高，洗涤剂溶解加快，渗透力增强，促进了对污垢的进攻作用；水分子运动加快，局部流动加强；使固体脂肪类容易溶解成液体脂肪，便于除去。温度每增加10℃，反应速度将加倍。因此，在不损伤被洗衣服的情况下，尽可能地在其能承受的温度上先进行洗涤，温度与洗涤效果的关系，如图6-2所示。

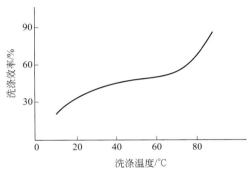

▲　图6-2　洗涤温度与洗涤效果的关系

每种衣服都有其适宜的洗涤温度，如纯棉、纯麻织物服装的洗涤温度高，对去污有明显帮助，并且没有什么不良效果；化纤织物服装的洗涤温度最好控制在50℃以下，否则会引起折皱；丝织物、毛织物则最好控制在40℃以下。各种织物洗涤的适宜温度，如表6-1所示。

表6-1　各种织物洗涤的适宜温度

种　类	织物名称	洗涤温度	投漂温度
棉、麻	白色、浅色 印花、深色 易褪色的	50～60℃ 45～50℃ 40℃左右	40～50℃ 40℃左右 微温
丝	素花、印花、交织 绣花、改染	35℃左右 微温或冷水	微温 微温或冷水
毛	一般织物 拉毛织物 改染	40℃左右 微温 35℃以下	30℃左右 微温 微温
化纤	各类化纤纯纺、混纺、交织物	30℃左右	微温或冷水

4. 干燥

经过水洗的服装，尚含有一定的水分。要将这些水分除掉，有如下几种干燥方法。

（1）脱水　脱水是利用脱水机高速旋转的滚筒的离心力使滚筒内含水衣服的水分降低。但要注意，过高速的离心脱水会使服装变形，特别是当衣服相互缠绕在一起时，更为明显。经脱水后服装含水的多少还将影响到后续干燥过程。

（2）自然干燥　是指利用服装含湿量与空气中含湿量之间的差异进行的干燥。此时利用空气的流动把服装上的水分气化带走，以达到干燥的目的。自然干燥简便易行，安全可靠，但耗时，效率低，受客观天气条件的限制。自然干燥可分为阴干、滴干、平摊晾干三种方式。

① 阴干。是将含有一定水分的服装挂在阴凉通风的地方晾干。一些不能在太阳光下暴晒或干燥较快的服装，如丝绸服装、锦纶服装或印花服装等，可采用这种方式。

② 滴干。是不经脱水过程，而把服装吊起晾干的方式。它可防止一些织物因脱水而形成一些难以除去的褶皱，适用于结构比较精细或附带太多饰物的服装。对于针织物要注意线圈纵行与地面垂直；因为针织物在吊着时，水分自然流下洗涤物的状态好像下面挂着重锤，有一股把衣服往下拉的力在作用，因此在晾干时要整理一下形状；但是如果针织物的线圈横列是垂直晾干的，则力会作用于横向，就会使针织物不适当地横向延伸，长度缩短，宽度增大。单件分量较重、有蓬松风格、花样变化多、组织松弛的针织物等不能采用吊干的方式。蓬松的针织物如使用吊干方式还会出现衣架挂着的形状。

③ 平摊干燥。是把洗涤后的衣服平放在网上，置于通风处晾干的方法。此时衣服各部位受力一致，不易产生变形现象。它适用于织物组织结构松弛或花样变化多的衣物，但它占地最大。

四、服装的干洗

干洗的整个过程与水洗十分相似，只是水洗是以水作为洗涤媒介并配以洗涤剂来达到去污的目的。干洗是利用干洗剂在干洗机中洗涤衣物的一种去污方式，适用于毛织物、丝绸织物等各种服装材料的去污。干洗用的干洗剂主要是四氯乙烯，干洗能去除服装上的油性污渍，使衣物不霉、不蛀，基本不退色，不起皱，不收缩。

1. 干洗剂

用干洗剂洗涤毛料、丝绸等高级服装及衣料时，不会损伤纤维，无退色及变形等缺点，能使服装具有自然、挺括、丰满等特点。干洗剂种类很多，就外形来看，有膏状与液体两种。膏状多用于局部油污的清洗，而对于整体衣料洗涤需用液体干洗剂。液体干洗剂的基本组分为有机溶剂，其余为表面活性剂、抗污染剂、抗再污染剂等。

（1）有机溶剂　干洗要求有机溶剂不仅要有较强的溶解油污能力，而且还需具有无毒

（或低毒）、安全可靠、不腐蚀衣服与设备、价格便宜等特性，从经济合理、毒性较小、洗涤性好等方面考虑，常用三氯乙烷与四氯乙烯制作干洗剂。四氯乙烯具有适中的溶解力，可使油类、脂肪类等物质很好的溶解。其性能稳定，在普通使用条件下，对金属有轻微的腐蚀性，对不锈钢无影响；在高温条件下与空气混合时会分解成一氧化碳、氯气等有毒气体。它对绝大多数的天然纤维和合成纤维都适用，但对那些不耐溶剂的染料有溶解作用，对聚苯乙烯有溶解作用。就目前来看，四氯乙烯的价格较贵，但由于在使用后的回收率较高，可反复使用，因此可降低成本。三氯乙烷的毒性很小，去油效果优于三氯乙烯和四氯乙烯，但它遇热和湿气时腐蚀性强，所以必须在特殊结构的干洗机中使用。它洗白色织物十分有效，但对那些染色织物却有害。

（2）表面活性剂　干洗剂中含有2%～5%（质量比）的表面活性剂，以获得最佳洗涤效果。常用阴离子型和非离子型表面活性剂复配。复配的干洗剂中表面活性剂含量以不超过5%为宜。

（3）抗再污染剂　用适量亚甲基萘磺酸钠与聚乙烯吡咯烷酮组成的混合物作为抗再污染组分，混入有机溶剂四氯乙烯中组成干洗剂以洗涤衣料，再经$N-$十八烷基$-N$，$N-$二乙酸内铵盐的稀溶液喷洒处理，即可取得良好的抗再污染效果。这种方法对全毛织物和毛涤混纺织物的干洗尤为适宜。

（4）助剂　根据需要，在干洗剂中加入少量染料和香料，可加强观感效果。

2. 干洗设备

干洗的设备就是干洗机。干洗机利用四氯乙烯去污能力强、挥发温度低的特点，通过各部件的功能来洗涤衣物、烘干衣物和冷凝回收洗涤剂，使洗涤剂能够循环反复使用。沾污的衣服在旋转的桶里，经干洗剂与污垢进行化学反应，并在机械力的作用下，对衣物表面加以摔打和摩擦，使那些不可溶的污垢脱离衣服，然后再经过离心脱油和干燥蒸发。目前我国干洗行业主要的干洗溶剂为四氯乙烯，由于它对环境主要是大气和地下水污染，使得它对干洗机的使用要求越来越严格。

3. 干洗工艺

（1）洗涤　洗涤是将分类好的服装放入上好干洗液的干洗机内，通过干洗机内滚筒的转动，使服装与干洗剂发生作用，从而去掉服装上的污垢。影响服装洗涤效果的因素有如下几个方面。

滚筒内装衣量的多少影响着衣物之间的摩擦力，同时也影响着衣物回落的高度。装衣滚筒容量大时，如装衣少，衣服回落高度大，但衣服间的摩擦力不足，因为衣服大多浮在溶剂上，使得浮着的衣物得不到和其他服装之间的摩擦；装衣滚筒容量大时，如装衣多，衣物的回落高度较小，衣物活动空间太小，同样得不到足够的摩擦力，也容易形成衣团。除了外层织物外，其他地方所受到的机械作用也小，甚至几乎没有。从理论上讲，18～20L滚筒容积，以洗1kg衣物为最佳装衣量。正确的装衣量按渗透的衣服算，羊毛织物占滚筒容积的

1/2，丝织物占滚筒容积的1/3，过多过少都会使机器的洗净度和烘干率下降。

洗涤时间也显然是影响去污的一个因素。洗涤时间越长，机械作用时间就越大。

洗涤速度一般以滚筒每分钟的转速计算，它决定了衣物从溶剂中抛出来又落回去的速率，溶剂随着滚筒被带起来又落到滚筒内衣服上的量，以及滚筒旋转中服装跌落下来的角度。高速旋转的滚筒，由于其运动惯性大，能使服装贴紧在筒体壁上并直到接近溶剂液面时才掉下来；转得慢的滚筒，其运动惯性小，衣物一离开溶剂就掉下来，这种情况也不理想；衣物跌落时的最佳角度位置应该是水平线上45°角。

溶剂的质量也影响机械作用，溶剂越重，则滚筒旋转时落在服装上的机械作用也越大。使用四氯乙烯的机器洗涤运动时间比用石油类溶剂的机器省一半。

（2）脱液　脱液是清洗完成之后去掉衣服上溶剂的过程。在脱液时，应尽量排液，当溶剂被排出时，此时衣服不再被溶剂浸泡。脱液利用了滚筒高速旋转时产生的离心力，使衣物上的溶剂在离心力的作用下，穿过滚筒上的许多小孔，从而达到甩干的目的。一般干洗机设计的转速在400～900r/min，滚筒直径越大，其产生的离心力就越大，增大滚筒转速比增大滚筒直径对去掉衣服上的溶剂更有意义。滚筒的转速越高，脱液时间越短；转速越低，脱液时间越长。对于在含湿量大的溶剂中洗涤的衣服，其脱液速度应低些，对含湿量大的衣服进行强力脱液会导致起皱等麻烦。

脱液的时间应根据衣物厚度、衣服牢度的大小进行选择，对于较厚、强度较高的衣服，脱液时间可以长一些，反之脱液时间可以短一些，因为衣物起皱和拉伤程度会随着脱液时间的增加而增加。脱液时间的一般标准是：普通衣物3min，羊毛织物2min，羊绒织物和丝织物1min。厚重的衣物脱液时间可稍长一些。

（3）烘干与冷却　烘干是在脱液之后进行的，为的是进一步去掉衣服的干洗剂。在脱液时通过离心力使干洗剂脱离了衣服，然而衣服上残留有少量的干洗剂，烘干时依靠加热空气使衣服上的干洗剂汽化来去掉残存的干洗剂；冷却是将经烘干处理的衣服蒸汽冷却，从而得到正常温度下的溶剂，达到回收的目的；同时被洗的衣物也在空气的循环中得到冷却，消除衣服装上残留的气味。

过高的烘干温度会损坏衣物，带来色斑、焦煳等问题。烘干时间对烘干效果及溶剂回收是十分重要的。烘干时间的长短取决于烘干温度和装衣量的高低和多少。

4. 干洗中易出现的问题

服装干洗时常常会出现以下问题。

（1）纽扣溶解或掉绒　用聚苯乙烯制造的纽扣能溶于四氯乙烯中，故在干洗后可能消失；植绒类织物因绒是黏在底布上的，经干洗后会出现掉绒现象。

（2）收缩与僵硬　吸湿性好的服装材料在干洗时，如其干洗剂中湿度控制不当，即湿度过高，就会引起一定的收缩；而仿革材料经干洗后会使手感变硬；类似的涂层材料有些也会丧失其原有的功能。

（3）掉色　有些材料尤其是丝绸，由于其干洗色牢度欠佳，经干洗后会有掉色现象。

五、常用的洗涤标记

国际常用洗涤标记如图6-3所示。

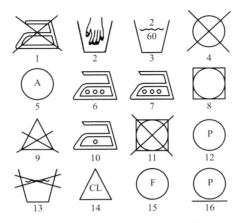

▲　图6-3　国际常用洗涤标记

1—切勿用熨斗烫；2—只能用手洗，切勿使用洗衣机；3—波纹线以上的数字表示洗衣机的速度要求，以下的数字表示水的温度；4—不可干洗；5—"A"表示所有类型的干洗剂均可使用；6—熨斗内三点表示熨斗可以十分热（可高至200℃）；7—衣服可以熨烫，两点表示熨斗温度可热至150℃；8—可放入滚筒式平洗机内处理；9—不可使用含氯成分的漂白剂；10—应使用低温熨斗熨烫（100℃）；11—不可是用干洗机；12—可以干洗，"P"表示可以使用多种类型的干洗剂；13—不可用水洗涤；14—可以使用含氯成分的洗涤剂，但需加倍小心；15—可以洗涤，"F"表示可以用白色酒精和11号洗衣粉洗涤；16—干洗时需加倍小心（如不宜在普通的洗衣店洗涤），下面的横线表示对干洗过的服装在后处理时需十分小心

我国国家标准规定的洗涤标记如图6-4所示。

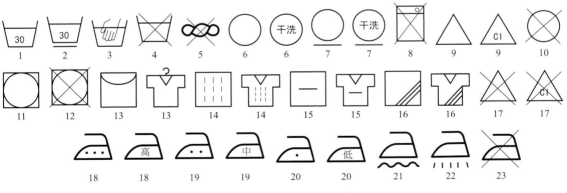

▲　图6-4　我国规定的洗涤标记

1—可以水洗，30表示洗涤水温30℃，其水温分别为30℃、40℃、50℃、60℃、70℃、95℃等；2—可以××℃水洗，但需充分注意；3—只能用手洗，勿用洗衣机；4—不可用水洗涤；5—洗后不可拧绞；6—可以干洗；7—可以干洗，但需加倍小心；8—切勿用洗衣机洗涤；9—可以使用含氯的漂白剂；10—不可干洗；11—可转笼翻转干燥；12—不可转笼翻转干燥；13—洗涤后滴干；14—洗涤后将衣服铺平晾晒干；15—洗涤后将衣服铺平晾晒干；16—洗后阴干，不可晾晒；17—不得用含氯的漂白剂；18—可使用高温熨斗熨烫（可高至200℃）；19—可用熨斗熨烫（两点表示熨斗温度可热到150℃）；20—应使用低温熨斗熨烫（约100℃）；21—可用熨斗熨烫，但须垫烫布；22—用蒸汽熨斗熨烫；23—切勿用熨斗熨烫

第二节　服装及其材料的熨烫

　　服装及其材料在加工、穿着使用及洗涤的过程中会产生变形（如褶皱、收缩、歪斜等），因此需要根据服装造型的要求对服装进行热定型即熨烫。所谓熨烫，就是借助于熨烫工具，在一定的温度、湿度和压力的条件下，对服装进行热定型。熨烫的作用是使服装平整、挺括、褶线分明，合身而富有立体感。它是在不损伤服装及其材料的服用性能及风格特征的前提下进行的。

一　熨烫工艺条件

　　在常温下服装及其材料纤维内部的大分子比较稳定，但对其施以一定的温度、湿度（水分）和压力时，纤维结构就会发生变化，产生服装的热塑定型和热塑变形。所以，熨烫的基本工艺参数使温度、湿度和压力。

1. 熨烫温度

　　服装和服装材料的热塑定型和热塑变形，必须通过热的作用才能实现。合成纤维受热后会经过玻璃态、高弹态、黏流态直至熔融，而天然纤维和人造纤维素纤维，则不经过熔融直接分解或炭化。

　　合成纤维的状态随温度而有所变化，温度升高，纤维从玻璃态、高弹态到黏流态，分子活动加剧，纤维变性能力加大，在一定的外力作用下，会使纤维内部的分子在新的位置上重建，经冷却而除去外力后，服装材料的形状在新的分子排列状态下稳定下来，只要以后遇到的温度不超过前次的温度，材料的形状就不会有大的变化。对于棉、麻、丝、毛类的天然纤维材料，其受热时的变化不同于合成纤维材料，它们受热后弹性模量降低，从而使服装保持平服的外观。

　　熨烫时温度太低，达不到热定型的目的，温度过高，会使服装材料的颜色变黄，手感发硬，甚至熔融黏结或炭化，适当降低热定型的温度，可以减少染料的升华和材料颜色的变化，使服装的手感柔软。对同一纤维原料的服装，厚的衣服，熨烫的温度可适当高些；薄的衣服，熨烫的温度则可以适当低一些。

　　一般来说，熨烫温度越高，定型（或变形）效果就越好，但是由于上述一些条件的限制（如纯白材料的变黄和鲜艳色材料的升华等问题），须常与熨烫和冷却的时间、方式等结合考虑。

　　在工业化生产的机械熨烫中，熨烫和冷却是不可忽略的熨烫工艺条件。熨烫和冷却时间包括将服装表面加热到熨烫温度的"加热时间"和使服装内外都具有相同温度的"热渗透时间"，以及整烫机抽真空或吹冷风的时间。它们将影响服装熨烫的温度变化情况，从而影响服装的整烫效果。

　　图6-5表示为纯毛华达呢服装熨烫冷却时间对服装定型保持率的影响。定型保持率表示永久变形与总变形的比率。定型保持率随冷却时间的增加而显著提高。服装面料的对比光泽度和褶皱恢复率亦呈上升趋势。与自然冷却相比，人工冷却使熨烫后的服装面料更有身骨和弹性。各类纤维织物的熨烫温度，如表6-2所示。

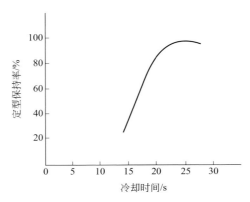

▲　图6-5　冷却时间对定型保持率的影响

表6-2　各类纤维织物的熨烫温度

纤维名称	直接熨烫/℃	垫干布熨烫/℃	垫湿布熨烫/℃
棉	175～195	195～200	220～240
麻	185～205	205～220	220～250
丝	165～185	185～190	190～220
毛	150～180	185～200	200～250
涤纶	150～170	185～195	195～220
锦纶	125～145	160～170	190～220
腈纶	115～135	150～160	180～210
维纶	125～145	160～170	—
丙纶	85～105	140～150	160～190
黏胶纤维	120～160	170～200	200～220
醋酯纤维	110～130	130～160	160～180

2. 熨烫湿度

　　服装熨烫时，湿度发挥了重要作用。衣料遇水后，纤维就会被润湿、膨胀、伸展，这时服装就易变形和定型。这是因为纤维分子长链间易滑动，便于纤维分子进行调整和热渗透之故。

　　在手工熨烫时给湿的方法是垫布喷水，或用蒸汽熨斗水蒸气喷湿。在机械熨烫时，是靠上下模头（分别或同时）喷汽，并通过控制喷汽时间和抽汽时间来控制给湿量的。湿度影响服装定型的效果。

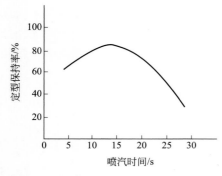

▲ 图6-6 喷汽时间对定型保持率的影响

图6-6所示为喷汽时间对服装定型保持率的影响。喷汽时间的长短，就意味着给湿的多少。在图中不难看出，湿度在一定范围内，熨烫定型效果最好，湿度太小和太大都不利于服装的定型。此外，由于各种纤维性能和衣料厚薄、组织等各不相同，对熨烫湿度的要求也不同。

熨烫可以分为干烫和湿烫两种方法。所谓干烫就是用熨斗直接熨烫。干烫主要用于遇湿易出水印（如柞蚕丝）或遇湿热会发生高收缩（如维纶布）的衣料的熨烫，以及棉布、化纤、丝绸、麻布等薄型衣料的熨烫。有时对于较厚的大衣呢料和羊毛衫等服装，先用湿烫，然后用干烫，这样可使衣服各部位平服挺括，不起壳，不起吊，使衣服长久保持平挺。

3. 熨烫压力

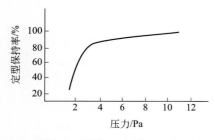

▲ 图6-7 熨烫压力对定型的影响

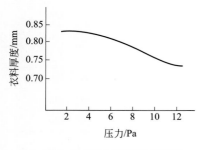

▲ 图6-8 压力对厚度的影响

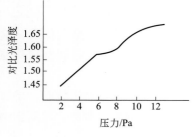

▲ 图6-9 压力对光泽度的影响

熨烫时有了适当的温度和湿度后，还需要压力的作用。因为一定的整烫压力有助于克服分子间、纤维纱线间的阻力，使衣料按照人们的要求进行变形或定型。熨烫压力在手工熨烫时靠熨斗质量，或通过熨斗施加压力。而在机械熨烫时，熨烫压力则是重要的控制参数之一。通过纯毛华达呢服装的熨烫试验，可明显看出熨烫压力小于5Pa时，服装熨烫定型保持率随着熨烫压力的加大提高很快，服装平整度、褶裥保持性均有增加。但随着压力的继续增加，定型保持率的提高则趋于平缓。同时，由于压力增大，纱线与织物被压扁，面料的厚度变薄，对比光泽度增大。压力过大，还会造成服装表面的极光（如图6-7至图6-9所示）。为此，服装的熨烫压力应随服装的材料及造型、褶裥等要求而定。通常，对于裤线、褶裥裙的折痕和上浆衣料，熨烫时压力可大些。对于灯芯绒等衣料，压力要小或熨反面。对长毛绒等衣料则应用蒸烫而不宜压烫，以免使绒毛倒伏或产生极光而严重影响质量和外观。

熨烫是一种物理运动，要达到预定的要求，就必须通过温度、湿度、压力和时间等参数的密切配合。

综上所述，熨烫时的温度、湿度、压力、时间以及冷却的方式与时间等因素，是相互影响并同时作用于服装及其材料上的。所以，要取得好的熨烫效果，必须统筹考虑选择这些工艺参数。

二　熨烫的种类和方式

1. 依熨烫使用的工具和设备分

熨烫工具和设备可分为手工熨烫和机械熨烫两类。

（1）手工熨烫　手工熨烫是人工操作熨斗（喷汽或不喷汽），在烫台上通过掌握熨斗的方向、压力大小和时间长短等因素使服装（或材料）平服或形成曲面、褶裥等。熨烫时，常用推、归、拔的方法。"推"是通过熨斗的运动方向，将熨斗由服装的某部位推向另一部位；"归"是将衣料靠熨斗的运动来归拢、耸起，形成胖形弧线；"拔"则是将材料拉伸、拔开。

衣物手工熨烫时，自然离不开各式烫台和熨斗，此外，为确保衣物熨烫效果，也必须准备几种必备的辅助工具，一般有袖骨、肩垫、白布和喷水壶。

① 袖骨。即是一个小型穿板，有案板和穿板两种。案板也可用一般家庭的家用写字台或其他小桌代替。穿板是一种专用折叠或烫衣板，灵活方便。它一头为尖圆形，可以烫上衣的肩部、胸部，还可以把西裤腰穿上烫，故名穿板，是专门熨烫衣袖的工具。各种高档薄型衣料服装，要烫出衣袖的曲线造型，必须借助于袖骨。

② 肩垫又称"馒头"，是熨烫衣物袖山的必备工具，它的形状就像一个拍扁的花生，两端的圆弧与衣物袖山的圆弧大体相同，中间部位束腰以便用手握住。用退浆白布缝制，内用棉花填实。大头用于熨烫大衣及男式服装袖山，小头则用于熨烫女装和童装。

为便于熨烫衣物袖山，手工烫台的上方应设置一个能悬挂衣物的吊钩。熨烫衣物袖山时，将上装用衣架挂在吊钩上，左手握着肩垫顶住衣物上装袖山，右手控制熨斗实施熨烫。

③ 白布。也是衣物手工熨烫时不可或缺的必备"工具"，可使用普通本色白棉布，不要用带色的布，因色布在高温下容易串色；也不宜用化纤布，因为化纤布不耐高温；更不能毛巾代替，因为毛巾质厚、不平，会影响熨烫效果。另外，新棉布还必须做退浆处理，否则会发硬、不吸水，容易出现烫糊现象。

衣物手工熨烫时，一般以反面熨烫为主，正面再加以修改或熨烫。熨烫衣物正面时，为防止熨斗与面料直接接触摩擦而产生亮光在衣物正面上，尤其压烫裤腿时，垫干布烫裤线可以有效防止裤腿出现亮光。

④ 喷水壶。熨衣前做喷水用，便于均匀喷水。

有关熨烫的图形标记，除了图6-3与图6-4中所示的以外，还有一些图形标记，如图6-10所示。

手工熨烫的基本方法有下列几种。

① 推烫：推烫是运用熨斗的推动压力对衣服进行熨烫的方法。此方法经常使用，特别是在衣服熨烫一

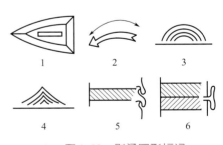

▲ 图6-10　熨烫图形标记

1—表示这一部位需要进行熨烫处理，即进行热塑定型或热塑变形；2—表示熨斗的走向是箭头方向推动或前进，实心箭头和空心箭头表示的意思是一致的；3—归拢标记，表示一片在这一部位需要归拢，三线表示略归，四线表示中归，五线表示强归；4—拔开标记，表示衣片的这一部位需要扒开、拉伸，三线表示略拔，四线表示中拔，五线表示强拔；
　5—褶裥标记，表示衣片在这一部位需要褶裥，褶裥是长线向短线方向折叠；6—对合褶裥，表示在褶裥时两边向中间折叠

开始时，适用于服装上需熨烫的部位面积较大而表面只是轻微褶皱的情况。

②注烫：注烫是利用熨斗的尖端部位对衣服上某些狭小的范围进行熨烫的方法。此方法在熨烫纽扣及某些饰品周围时比较有效。操作时，将熨斗后部抬起，使尖部对着需熨烫的部位加力。

③托烫：托烫是指需熨烫的衣服部位不能平放在烫台上，而是要用手托起，或用"布馒头"、烫台端部托起进行熨烫的方法。此方法对于衣服的肩部、胸部、袖子等部位比较有效。

④压烫：压烫是利用熨斗的质量或加压对衣服需熨烫的部位进行往复加压熨烫的方法，有时也称为研磨压烫。此方法适用于衣服上需要一定光泽的部位。

⑤侧烫：侧烫是利用熨斗的侧边对衣服局部进行熨烫的方法。此方法对形成衣服的裥、缝等部位的熨烫比较有效，而又不影响其他部位。操作时，将熨斗的一个侧面对着需熨烫的部位施力便可。

⑥焖烫：焖烫也是利用熨斗的质量或加大压力，缓慢地对衣服需熨烫的部位进行熨烫的方法。此方法主要适用于领、袖、折边等部位，在不希望此部位产生强烈的光泽时比较有效。操作时，对需熨烫的部位重点加压，但不要往复摩擦。

⑦悬烫：悬烫是利用蒸汽产生的力量对衣服需熨烫的部位进行熨烫的方法。此方法在那些不能加压熨烫的服装需要去掉褶皱时采用，如起绒类的服装。但操作时应注意绒毛方向，以保持原绒毛的完好状态。

（2）机械熨烫　利用各种机器进行熨烫，比手工熨烫效率高而且质量统一。为完成服装各部位的造型，需要多种模拟人体部位的"模头"。因此，整个工序的机械熨烫设备台数约有十至十余台，一般是大量生产款式统一的西装、大衣等大型服装企业使用，投资数额较高。

整烫机的温度是靠调节蒸汽量与两模头之间的距离来达到的。对蒸汽量有两种调节方法：一是上模头送汽，下模头不送汽；二是上、下模头同时送汽。两模头之间的距离小，则温度上升；两模头之间距离大，则温度下降。因此，当两模头之间距离较大且下模头不送汽时整烫机的温度最小；当两模头之间紧紧相压且上下模头同时送汽时整烫机温度最高。蒸汽中同时含有一定的水分（约10%～25%），水分的多少可通过控制供给的蒸汽量达到。

整烫机的加压方式有两种，机械式加压与气动式加压。机械式加压是通过调节上模头压力调节器来控制；气动式加压则通过调节上模头压力气动阀来控制。在操作时可用纸张、布试调，同时应考虑到此压力与熨斗加压方式的不同，同样的加压，如在硬性物体之间的压力较大，如在软性物体之间或软性物体与硬性物体之间，其柔软的程度会抵消一部分压力。

衣服在熨烫完成后，通过抽湿系统的控制，可使底模形成负压，让空气迅速透过置于其上的衣服，将衣服上的蒸汽热量和水分随空气一起带走。冷却有两种方式：一种是合模冷却，也就是当上下模头仍合在一起时冷却，此方式所需的时间较长，定型效果好；另一种是开模冷却，即将上模头开启冷却，效果比上一种稍差，但时间较短。

2. 依熨烫的工序分

衣服及其材料的熨烫，以衣服加工工序的不同可分为预烫、中间熨烫与成品熨烫。

（1）预烫　在现代化的服装工业中，在裁剪铺布工序之前，要将整匹的面料（尤其是高档西服面料）在专用的设备上进行蒸汽蒸烫，目的是消除在卷装时的张力和褶皱，并消除其内应力，使布面平整，幅宽稳定。这也有利于解决布面的歪斜问题。即使是手工制作，也应将面料和里料进行预烫，使材料平整后才进行裁剪。

（2）中间熨烫　指在服装加工过程中，穿插在缝纫工序之间的局部熨烫，如分缝、翻边、附衬、烫省缝、口袋盖的定型，以及衣领的归拔、裤子的拔裆等。中间熨烫虽在局部进行，却关系到衣服的总体特征。

一件用传统工艺制作的服装，要求造型优美、丰满、挺括、立体感强，并耐穿、不走样。在很大程度上依赖操作者的"烫功"，即利用熨斗在衣片上进行"挺、归、拔"造型的技巧。通过熨烫，可使织物（面料与衬料）产生热塑变形而实现衣片的造型。

（3）成品熨烫　成品熨烫是对缝制完毕的衣服进行的熨烫（洗涤后服装的熨烫与此相同），又称大烫或整烫。这种熨烫通常是带有成品检验和整理性质的熨烫，可由人工或整烫机完成。对成品服装的胖肚、瘪肚、双肩、门襟、领子、袖窿、袖山、裤子的腰身、下裆等进行最后的处理，不仅可赋予衣服平直、挺括、富有立体感的良好外观，而且能弥补缝制工艺的不足，使衣服有良好的保形性和服用性，以保证衣服的质量和档次。成品整烫工艺（温度、湿度、压力和时间的配合）须依服装材料的种类和性质而定。

三　各种服装材料的熨烫

不同的服装材料，又因纤维材料和织物结构的不同，其熨烫方法和熨烫温度也不同。各种服装材料的熨烫温度，应注意低于其危险温度（分解温度和软化点），以免损伤衣服外观和性能。一般来说，棉麻织物的直接熨烫温度控制在200℃以下，毛织物可控制在180℃以下，丝绸和黏胶纤维、腈纶、维纶、锦纶等织物不超过150℃，而涤纶可到170℃，丙纶与氯纶织物则应控制在100℃。如果垫布（特别是垫湿布），熨烫温度可适当升高。

除考虑各种纤维的热学性能外，还应结合衣料的颜色、厚薄、组织等因素来决定熨烫温度。有些染料遇到高温时会升华而使原来印染的花色变浅，所以颜色鲜艳的衣料在熨烫时，不宜用过高的温度或反复熨烫。绒类和花纹凹凸的织物，熨烫时应熨其反面或者使用厚而柔软的垫布。对于含有氨纶的弹力织物，要用较低的温度熨烫或者不熨烫。对不熟悉的衣料应先用小样（或者衣服中部显眼的部位）进行试烫，然后再正式熨烫，以免产生较大变形、变色等问题。

1. 棉织物

棉织物的熨烫效果比较容易达到，但是它在穿用过程中保持的时间并不长，受外力后容易再次变形，所以，棉织物需经常熨烫。熨烫温度在180℃左右时可直接熨烫，此时表面平滑且有一定的亮光；可喷水熨烫，熨烫后的衣服光泽柔和；对于棉与其他纤维的混纺织物，其熨烫温度应相应降低，特别是氨纶包芯纱织物如弹力牛仔布等，应用蒸汽低温加压熨烫，否则易出现起泡的现象。

有毛绒的棉质衣料（如灯芯绒、平绒等），可先垫湿布熨烫，待湿布接近干燥时，将湿布揭去，用毛刷将毛绒刷顺，再直接在反面熨烫，将衣料烫干，应注意熨烫压力不宜过大。

2. 麻织物

麻织物的熨烫基本上与棉织物相同，也比较容易熨烫，但其褶裥处不宜重压，以免纤维脆断。麻织物的洗可穿性比较差，也需经常熨烫。但这几年仿麻织物较多，有的含少量的麻，有的根本不含麻，应分别对待。

3. 丝织物

蚕丝织物比较精细，光泽柔和，一般在熨烫前需均匀喷水，并在水匀开后再反复熨烫，熨烫温度控制在150℃左右。丝绸织物的褶裥不易保持。对丝绒类织物不但要熨背面，并且应注意烫台需垫厚，压力要小，最好采用悬烫。柞蚕丝织物不能湿烫，否则会出现水渍。还要注意丝绸织物不一定全是蚕丝织物，丝绸织物中还有大量的化纤长丝织物，熨烫时应区分对待。

4. 毛织物

毛织物不宜在正面直接熨烫，以免熨烫出"极光"，应垫湿布（或用喷汽熨斗）在反面熨烫，烫干烫挺后，再垫干布在正面熨烫整理。绒类织物在熨烫时应注意其绒毛倒向和熨烫压力。

5. 黏胶纤维织物

这类织物比较容易定形，烫前可喷水，或用喷汽熨斗熨烫。这类织物易变形，所以应注意熨斗走向和用力适当，更不能用力拉扯服装材料。

6. 合成纤维织物

（1）涤纶织物　由于涤纶有快干免烫的特性，所以日常服用时一般不必熨烫，或只需稍加熨烫即可，但如服装是第一次定型，则需注意熨烫温度和褶裥的掌握，最好是一步到位。如需改变已烫好的褶裥造型，则须使用比第一次熨烫时更高的温度。

涤纶织物熨烫时需垫布、湿烫，以免由于温度掌握不好而出现材料的软化和"镜面"。

（2）锦纶织物　锦纶织物稍加熨烫即可平整，但不易保持，因此也需垫布湿烫。由于锦纶的热收缩率比涤纶大，所以应注意温度不宜过高，且用力要适中。

（3）腈纶织物　腈纶织物的熨烫与毛织物的熨烫类似。

（4）维纶织物　维纶在湿热的条件下收缩很大，因此这类织物在熨烫时不能用湿烫，可垫干布熨烫，熨斗温度控制在125～145℃。

（5）丙纶、氯纶织物 这类织物一般不需熨烫，如需要熨烫时，丙纶可喷水在衣料背面熨烫，温度控制在85～100℃。而氯纶织物的耐热性很差，即使要熨烫也只能控制在40～60℃，不能垫湿布。

7. 混纺织物

混纺织物的熨烫，视纤维种类与混纺比例而定。其中哪种纤维的比例大，在熨烫处理时就偏重于哪种纤维。但是，用氨纶混纺制成的弹力织物，虽然其中氨纶的混用量较少，也应采用较低的温度熨烫，或者不熨烫，以免织物有较大的收缩。

第三节 服装及其材料的保管

服装在穿着时，由于人的活动而受到多种力的作用，甚至由于经受反复张弛而产生疲劳。因此，一件服装不宜长期穿用，而应该轮换使用，以便服装材料的疲劳得以恢复。这样，就可保持服装的良好状态，延长服装寿命。此外，对服装的保管亦应注意下列事项。

一 纺织服装在存放过程中变质

1. 衣服发脆

衣服发脆大体有下列几方面的原因。
① 虫害和发霉。
② 整理剂和染料因日光及水分的作用，发生水解和氧化等现象。例如，从硫化染料染色物释放出的硫酸，会使纤维发脆。
③ 残留物对纤维的影响，例如，残留氯发生氧化作用。
④ 在保管环境下光或热能也会使纤维发脆。

2. 服装变色

服装变色原因大体上有下列几方面。
① 由于空气的氧化作用而使织物发黄，例如，丝绸织物和锦纶织物的变黄。
② 由于整理剂，例如，荧光增白剂的变质使织物发黄。
③ 在保管环境下由于光或热的作用而使织物发黄。
④ 由于染料的升华而导致染色织物退色。
⑤ 由于油剂的氧化和残留溶剂的蒸发而导致织物变色。

二 防湿和防霉

　　服装在保管期间由于吸湿易使天然纤维织物或再生纤维织物发霉。霉菌会使纤维素降解或水解成葡萄糖，使纤维变脆。此外，霉味令人不快，霉菌的集中的霉斑既会使织物着色，又会使服装的使用价值大大降低。在高温条件下，染色织物的变色或染料的移位等现象也时有发生。服装曝光在干燥的地方或装入聚乙烯袋中就可避免因湿度高而使织物发霉。对织物进行防霉整理也是防霉的途径之一。

三 各类服装保管的注意事项

1. 棉、麻服装

　　存放时，衣服须洗净、晒干、折平，衣橱、柜箱、聚乙烯包装袋都要保持干净和干燥，防止霉变。白色服装与深色服装存入时最好分开，防止沾色或泛黄。棉麻是由纤维素大分子构成的，吸湿性很好，在储存时主要防止其霉烂，也就是防止霉菌微生物的繁殖。主要方法是保持织品的洁净和干燥，特别在夏季多雨的季节要注意检查和晾晒。

2. 丝绸服装

　　收藏时，为防潮防尘，要在衣服面上盖一层棉布或把丝绸服装包好。白色服装不能放在樟木箱内，也不能放樟脑丸，否则易泛黄。保养好丝绸类服装的基础是精心穿用。丝绸的强力较高，加上蚕丝外面丝胶有保护，所以耐磨性较好。但因丝绸的纤维过细，应忌硬伤，凡与粗糙带毛刺的物质接触，往往会使丝绸"跳丝"而造成损伤。另外，也不要穿着丝绸服装在席子、藤椅、木板等粗糙物上睡觉，以免造成不必要的破损或勾丝。

　　碱对丝绸的破坏力较大，穿丝绸夏装一定要避免与含碱的物质接触。同时，丝绸受盐的影响也比较大。人体汗水中的盐分可使浅色丝绸的夏装泛黄赤色的斑点，所以穿丝绸夏装应注意经常洗涤，保持其表面的清洁。

　　洗涤丝绸夏装最好选用中性皂片或高档洗涤剂。可用热水先溶化皂液，放凉后将丝绸夏装浸透。用手大把搓揉（注意不能用搓板搓，更要避免拧绞）。洗后将皂液冲净，不然易发花。洗涤深色丝绸的夏装只能在净水中反复冲漂，不能使用皂片及其他洗涤剂，以免出现皂渍、泛白现象。

　　洗涤颜色鲜艳的丝绸夏装时，为避免掉色，可放少许盐。因丝绸在阳光的紫外线作用下易脆化，加之丝绸的色泽牢度较差，故洗完不能置于阳光下暴晒，应挂在通风处阴干。

　　丝绸夏装晾到八成干时，以白布覆盖衣面，用熨斗熨烫，温度不可高于130℃，否则丝绸会受损伤，熨烫时不必喷水，以免出现水渍痕。蚕丝是一种蛋白质纤维，具有较强的吸湿性，当环境比较潮湿时，一些霉菌和细菌容易在织物上生长繁殖。收藏时，首先应把衣服洗净，最好熨烫一遍，可以起到杀菌灭虫的作用。衣柜衣箱要保持清洁、干燥。

丝绸衣服质地较薄、柔软、怕压，可放到衣服堆的上面，浅色的丝绸衣服最好用细白布包存放，以防风渍、黄渍。丝绸类服装中不宜放卫生球，否则白色会泛黄。柞蚕丝不宜与桑蚕丝放在一起，因前者会使后者变色。

3. 呢绒服装

各种呢绒服装穿着一段时间后，要晾晒拍打，去除灰尘。不穿时放在干燥处。宜悬挂存放，且应将织物反面外翻，以防退色风化，出现风印。存放前，应刷清或洗净、烫平、晒干，通风晾放一天。高档呢绒服装，最好挂在衣橱内，勿叠压，以免变形而影响外观。在存放全毛或混纺服装时，要将樟脑丸用薄纸包好，放在衣服口袋里或衣橱、箱子内。毛绒服装宜与其他服装隔开存放，以免掉绒掉毛，沾污其他服装。毛料呢服易潮湿生霉。因羊毛中含有油脂和蛋白质，还易被虫蛀、鼠咬。在保管中应注意以下几点。

① 最好不要折叠，应挂在衣架上存放在箱柜里，以免穿着时出现褶皱。

② 存放服装的箱柜要保持清洁、干燥，温度最好保持在25℃以下，相对湿度在60%以下为宜。同时要放入樟脑丸，以免受潮生霉或生虫。存放的服装要遮光，避免阳光直射，以防退色。

③ 应经常拿出晾晒（不要暴晒），拍打灰尘，去除潮湿。晾晒过后要等凉透再放入箱柜。

④ 穿过的服装因换季需储存时，要洗干净，以免因汗渍、灰尘导致发霉或生虫。

4. 化纤服装

人造纤维服装宜平放，不宜长期吊挂，以免因悬垂而伸长。在存放含天然纤维的混纺织物服装时，可放少量樟脑丸或去虫剂，但不要接触衣服；对涤纶、锦纶等合成纤维的服装，则不需放樟脑丸，更不能放卫生球，以免其中的二萘酚对衣服及织物造成损害。黏胶纤维服装耐磨性差，易起毛变形，因此穿着或洗涤时都要少搓少拧。不要长时间悬挂，以免伸长变形。收藏时要洗净、晾干，避免高湿、高温环境。

合成纤维服装除腈纶和维纶外，一般不宜在日光下久晒，否则易老化，变硬变脆，强度下降。收藏时要洗净、晾干，不要放卫生球或樟脑丸。但如混纺中有毛料成分可放少量樟脑丸用纸包好，不要让樟脑丸与衣服直接接触。对于常用的腈纶和维纶衣物，应掌握如下方法。

（1）腈纶衣物　洗涤时将皂液或洗衣粉溶在温水中，将衣物浸透，轻轻揉搓。厚织品可用软刷子轻刷后用清水漂洗，轻轻拧去水分，晾在通风处阴干，切勿在日光中暴晒。熨烫时应在衣服上衬一块潮布，温度掌握在150℃以下为宜（温度过高易泛色）。由于这类织物不怕虫蛀，收藏时不必放置樟脑丸，但应保持干净和干燥，以免黏胶纤维出现部分霉斑。

（2）维纶衣物　洗涤方法同棉织品一样，但不要用碱性太重的肥皂和太热的水洗，也不要过分用力，以免纤维收缩、变硬和起毛球。

熨烫必须在织物干燥时进行，也不要喷水（潮湿时熨烫容易使其收缩），并垫上一块平布，温度不宜超过110℃。维纶织物不宜用高温烘焙，否则容易使织品发硬、焦黄，甚至脆化。这类纺织品不怕虫蛀，亦不易受霉菌侵蚀，收藏前将织物洗干净，保持清洁、干燥即可。

5. 羽绒服装的保养

洗涤羽绒服时一忌碱性物，二忌用洗衣机搅动或用手揉搓，三忌拧绞，四忌明火烘烤。羽绒服装在穿着时要防止因勾扯和摩擦而造成破洞，也不宜与强酸强碱物质接触。收藏时要洗净晾干，避免重压。具体地说，就是要做到以下几点。

（1）防潮勤晒　在冬天，羽绒制品应每隔3～5天在阳光下晒一次，晒时可用木棍轻轻拍打一番，以去潮增软，延长使用寿命。

（2）谨防硬伤　羽绒制品面料一般都极怕钉子、小刀等利器刮伤，因为这样会造成其中的羽绒飞散，既有碍洗涤，又会使羽绒制品报废，穿用时应格外细心。另外，也要防止烟头、明火将其烧坏。

（3）细心收藏　收藏前的羽绒服，一定要洗净晾干，以防发霉生虫。羽绒制品的金属扣及拉锁上应薄涂一层蜡脂，以免生锈。收藏时可将其放入大容量塑料袋中再入箱，箱子里不要放置樟脑丸。

思考与练习

问答题
1.简述棉、麻织物服装的洗涤、熨烫、染整、保管的特点和注意事项。
2.简述毛织物服装的洗涤、熨烫、染整、保管的特点和注意事项。
3.简述丝织物服装的洗涤、熨烫、染整、保管的特点和注意事项。
4.简述涤纶等化纤织物服装的洗涤、熨烫、染整、保管的特点和注意事项。

第七章　服装材料的再造设计

- 第一节　服装材料再造设计的概述
- 第二节　服装材料再创造的过程
- 第三节　服装材料设计的发展趋势

学习目标

1. 了解服装材料再设计的定义及重要意义。

2. 了解服装材料形态设计的艺术构成要素、指导原则和设计的程序，重点掌握
服装材料再造设计的技法。

　　随着社会的不断发展，科学技术的进步，如今的服装设计已从以往注重款式的多变转变
为追求面料的个性风格的体现，因此作为服装的物质载体材料，其种类与表现形式也发生了
巨大的变化。单一的面料已不能满足设计师和消费者们的需求，创意性思维被越来越多地应
用在面料设计中，通过创意的手法，不但赋予材料新颖的外观、强烈的视觉冲击力，提升了
面料在服装设计中的地位，并且通过面料的创意性变化，给予设计师新的灵感来源，为设计
师提供更为广阔的设计空间。

第一节　服装材料再造设计的概述

 服装材料再造设计的定义

　　服装材料的再造设计又称服装材料的艺术设计或二次设计，是指在遵循材料达到理想艺术效果的前提下，对服装材料进行质感和肌理的探索。把服装材料从传统的纺织纤维中摆脱出来，充分利用多种再加工的手段，改变材料的原有特性，塑造材料多维视觉新形象，为实现服装的多元化风格提供设计素材。

 服装材料艺术设计的意义

1. 为现代服装设计艺术提供更广阔的设计空间

　　进入21世纪，人类知识结构更新，审美观念的改变，增强了人们对服装的新需求和新欲望。创造出符合时代脉搏的服装艺术作品，是现代服装界设计师追求的目的。如何达到这个目的，从单纯的造型上，似乎已经尝试了很多方法。因此，注重对服装材料的开发和创新，把现代艺术中抽象、夸张、变形等艺术表现形式，溶于服装材料再创造中去，丰富材料的表现力，为现代服装设计艺术发展提供更广阔的设计空间，这是现代设计师所关注的问题。因此，服装材料的二次设计拓宽了材料在艺术创造中的地位，丰富了我们的设计思维，为设计师意念的具体体现提供了条件。

2. 增强了视觉美感

　　服装材料的再创造在改变材料外观的同时，更大程度地发挥了材质本身的视觉美感。
　　材料的再设计方法通过特定的处理技法，使材料的空间形态、组织结构、机理效果发生变化，从而形成原始、奇特、幽默、鲜明、怪诞等视觉艺术效果，经过再创造的材质形态表现出了巨大的视觉冲击力，使所设计的服装作品更生动、有趣、独具匠心。可以说，服装设计从服装材料的再创造开始，现已成为现代时尚潮流中最有魅力的艺术领域。

3. 创造出更加符合时代脉搏的服装艺术作品

　　从20世纪80年代开始，从材料创新入手的设计在时装界成为一种新的趋势，服装设计师开始参与服装材料的构思和设计，时装和材料的联系变得空前紧密。服装材料的创新和再创造成为现代服装设计发展新的契机，成为展现现代服装艺术设计的窗口。服装材料设计大师三宅一生的作品，运用形态各异的皱褶，不仅体现他设计的独创性，更展示了时代的风貌。三宅一生在设计褶纹服装时，通过再创造改变服装材料的性能，使一块轻的、不透气的化纤材料变成通气管道，结果不仅改变了服装的透气性，而且呈现出一种全新的造型，一种极致的高级时装就这样应运而生了，这便是服装材料再创造的魅力所在。

4. 服装材料的再创造是高附加值的再创造

优秀的再造服装材料设计含量与工艺要求都比较高，即便有人刻意模仿，也只能形似而非神似。因此可以说服装材料的再创造是高附加值的再创造。经过技术与艺术相结合而进行的再创造的服装材料，不但具有与众不同的艺术效果而且兼备优良的服用性能，价格至少要比普通面料贵几倍甚至几十倍。比如廉价的化纤材料经过三宅一生的处理后，一跃成为金字塔尖的奢侈消费品，成为高级时装的天价代表之一。

第二节　服装材料再创造的过程

一　服装材料形态设计的艺术构成

1. 服装材料的二维形态艺术构成

（1）服装材料的二维形态艺术构成定义　服装材料的二维形态艺术构成是指材料在二维空间中把具象型和抽象型的图形、色彩创造融合起来，提升材料的综合表现能力。

（2）二维形态艺术设计构成的要素

基本要素：图形、色彩。

条件要素：数量、大小、形态在平面中的组合形式。

（3）服装材料的二维形态艺术构成的表达方式

平面肌理形式：图案、色彩、扎染、蜡染、喷绘等。

2. 服装材料的三维形态艺术构成

（1）服装材料的三维形态艺术构成的定义　服装材料的三维形态艺术构成是材料由平面形态的基础上运用立体肌理塑型等手段向空间和立体进行转化，使材料的视觉感受更加突出。

（2）三维形态艺术设计构成的要素

基本要素：点、线、面、体。

条件要素：数量、大小、形态、组合、搭配。

（3）服装材料的三维形态艺术构成的表达方式

空间立体肌理形式：褶皱、镂空、刺绣、切割等。

二 服装材料再设计的指导原则

1. 根据服装设计的种类、风格和艺术效果确定服装材料的再设计

材料的再造一般包括两层含义：一是材料本身、材料与材料之间，以及多种材料之间的组合、体现材料的多样性表达，强化服装在视觉上的创新。在高级时装和高级成衣的设计中常常运用这种重组及其相互关系，表达其丰富复杂的艺术审美效果。二是借助于高科技手段对材料的再塑造，显示其材料的高科技含量，赋予服装在实用功能上的创新，更多地运用于各种成衣的设计中。

有些设计可以直接利用材料本身所具有的质感、色彩和特性，达到很好的艺术效果，无需进行材料的再创造。有些服装作品挖掘不到适合的材质，为了达到最终的艺术效果就必须进行材料的再设计。所以，确定是否要运用材料的再设计，具体运用哪类再设计都需要结合服装种类、风格和功能而定。

2. 根据材料本身的原料组成、组织结构和风格特点进行服装材料的再设计

服装材料的构成从原料上一般分为天然纤维、化学纤维制品及非纤维材料制品，质感肌理存在很大差异，如棉纤维朴素、麻纤维粗犷、丝纤维亮丽、毛纤维庄重等。又因加工方法的不同，使用材料的组织结构、风格特点更是千差万别，同时服装材料本身还受到纱线、织物密度、加工方式、印染整理加工工艺等因素影响，因此不同的服装材料，要结合材料原有的特点，选择适合的再设计方法，使材料在已有的基础上展现出更完美的艺术效果，如图7-1所示。

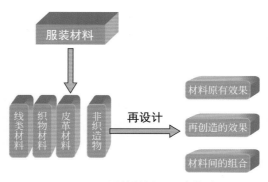

▲ 图7-1 服装材料再设计的过程

三 服装材料艺术设计的方法

1. 线类材料

线类材料如图7-2至图7-5所示。

▲ 图7-2 布条的捆扎

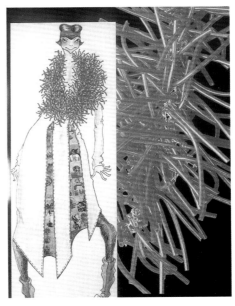

▲ 图7-3 塑料条的黏合

▲ 图7-4 毛线的钩花

▲ 图7-5 线的编结

（1）分类　花式毛线、麻绳、塑料管、藤条、布条等。

（2）特点　具有较强的流动感，但形态的固定性不强。

（3）设计技法　钩、编结、黏合、捆扎。

（4）用途　主要用于服装的局部，起到装饰效果。

2. 织物材料

（1）分类　针织物、机织物。

（2）特点　针织物由线圈的串套而成，具有高弹性和脱散性。机织物由经纬纱沉浮交织而成，风格多样化。

（3）设计技法　针织物和机织物材料的再设计主要围绕肌理形态的创造和开发来进行。在服装设计领域，肌理被认为是"服装形象表面所具有的纹理效果"。它既可指材料本身的性质、特征和质感，也可指材料在织造加工时或在设计中产生的外观形态。肌理有视觉肌理和触觉肌理之分。

① 视觉肌理设计。又称材料的平面再创造，其艺术感染力主要来自于特意设计成的图案肌理，如艺术染整、手绘、晕染、泼溅、拓印、泼彩、喷洒、扎染、蜡染等形成的具象或抽象形式，图案肌理运用广泛且历史悠长。

手绘晕染：是用画笔、毛刷等工具，直接把一些合成染料或丙烯颜料涂画在面料表面的绘制方法。优点是可像绘画般地勾画和着色，对图案和色彩没有太多限制，只是不适合涂着大面积颜色，否则，涂色处会变得僵硬。手绘一般是在成衣上面进行的，如图7-6所示。

(a)　　　　　　　　　　　　　(b)

▲　图7-6　丙烯颜料绘制的花卉

丝网印花：是一种在轻薄的丝织品上制版印花的方法。丝网印花是印染厂传统的手工工艺，较适合少量时装的手工印花。优点是灵活便利、花型规则、易于操作，如图7-7所示。

(a)　　　　　　　　　　　　(b)

▲　图7-7　丝网印花

　　喷绘：是借助于一定的工具在时装面料表面喷着上许多色点，利用色点的疏密变化表现各种图形或图像的面料再造方法。分为手工喷绘和电脑喷涂两种。手工喷绘是利用牙刷、油画笔或喷枪，把调好的合成染料或丙烯颜料喷着在面料表面。电脑喷涂是借助于专门的电脑喷涂设备，把所要喷涂的图像喷涂在时装面料上。电脑喷涂的效果要比手工喷绘细腻、准确、逼真，如图7-8所示。

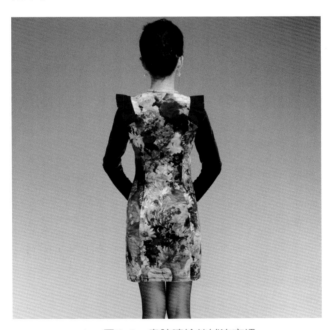

▲　图7-8　电脑喷绘丝绒连衣裙

　　扎染：扎染是将织物按一定的方法捆扎、缝扎后放入染料中，染成后漂洗，扎住的地方不上颜色，形成图案，以各种花卉及几何图案为主，如图7-9所示。

(a)   (b)

▲   图7-9   扎染的真丝材料

蜡染：是用蜡刀蘸熔蜡在布料上画，然后放入各色染料中，染后去蜡漂洗，有蜡的地方不能染色，因而成花。由于蜡在布上会裂，染出后图案有"冰裂"纹，类似瓷釉之"开片"极具艺术效果。裂之大小走向，可由人掌握，可以恰到好处地表现描绘对象，特点鲜明，如图7-10所示。

(a)   (b)

▲   图7-10   蜡染的棉麻材质

做旧：是利用水洗、砂洗、砂纸磨毛、染色等手段，使面料由新变旧，从而更加符合于创意主题和情境的需要的面料再造方法。分为手工做旧、机械做旧、整体做旧和局部做旧等，如图7-11。

② 触觉肌理设计。在服装材料的表面上通过添加、改变结构和原有特征，使服装材料形成立体的肌理效应，具有空间塑型的艺术效果。它的魅力在于使材料有了立体的感觉，并且结合色彩和光感，能增强这种立体感。

材料触觉肌理再创造的手法非常丰富，但从基本的加工原理上可以归纳为几种主要类型。

a. 面料的附加装饰性设计。通过在材料原有的表面添加相同或不同的材料，从而改变织物原有的外观风格。

刺绣装饰：绣饰是指利用电脑刺绣机、绣花机或曲缝机等，对服装面料进行再加工，从而改变面料原有的外观状态，使其变得更富于"表情"的添加方式。绣饰包括单纯的刺绣、平面贴布绣、立体贴布绣、贴布再刺绣等表现形式，如图7-12、图7-13所示。

▲ 图7-11　牛仔面料的做旧

▲ 图7-12　贴布绣上衣

▲ 图7-13　刺绣裙装

镶缀：镶缀是在现有材料的表面，通过缝、贴、嵌、黏、热压、悬挂等方法，添加不同的材料使面料或服装表面出现变化的添加方式。缀饰可选择的材料有很多，如丝带、蕾丝、缎带、珠片、钉珠、人造钻、羽毛、毛皮、皮革、金属、花色面料、人造花、流苏等。由于缀饰物在种类、大小、形状、质感、光感等方面均有不同，就使服装材料的缀饰效果千变万化，也使服装的设计语言变得丰富和充实，如图7-14至图7-16所示。

b. 改变材料原有结构特征。指通过剪切、撕扯、磨刮、镂空、抽纱等加工方法，破坏成品或半成品面料的原有结构特征，造成面料的不完整性，从而产生无规律或破烂感等特征。

剪切：在材料表面上用刀进行规整或任意的切割，使材料的局部产生分离。形成垂挂和飘荡感，如图7-17所示。

(a)　　　　　　　　　　(b)

▲　图7-14　镶缀钉珠、人造钻

▲　图7-15　添加人造花

▲　图7-16　添加流苏

▲　图7-17　面料的剪切

撕裂：在完整的材料上人为地进行撕扯，形成残缺的美。

破洞：在完整的材料上进行人为地挖洞，追求粗犷的艺术风格，如图7-18所示。

(a)　　　　　　　　　　　　　　(b)

▲　图7-18　牛仔面料的破洞

抽纱：按照织物经纱或纬纱的方向，抽去部分经纱或纬纱，在材料表面形成若隐若现的朦胧效果。这种方法抽纱最好选择机织物中质地粗糙的平纹面料。抽取时既可以按照一定的规律抽取，也可以无规律地抽取，如图7-19所示。

▲　图7-19　抽纱再造

镂空：是指借助一些工具在面料或是在制作好的服装上镂去多余的部分，然后再用填补或不填补的方式在材料表面上按照一定的艺术形式，形成特殊的艺术效果。如图7-20所示。

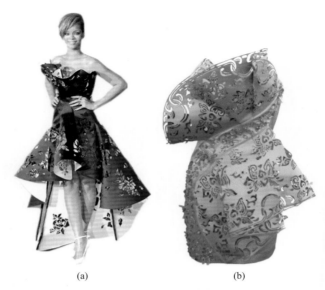

(a)   (b)

▲ 图7-20 镂空

灼烧：通过高温烧灼的手段，使材料产生另类的风格。

腐蚀：利用纺织材料的耐酸碱性，经过化学药品的腐蚀，产生新的外观。

c. 对原有材料的形态特征进行变形。即改变面料原有的形态特征，在造型外观上给人以新的形象。

褶皱：是利用面料本身的特性，经过抽褶、压褶、折褶等有意识的加工处理，使材料产生各种形式的褶纹再造方式，如图7-21所示。

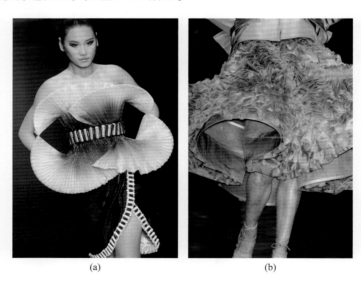

(a)   (b)

▲ 图7-21 褶皱

填充：是指在面料和里料之间添加充填物或衬料，以使服装表面形成凹凸感，突出和强化服装的立体造型的添加方式。填充可以用于服装的各个部位，填充的填料可以包括许多，如棉絮、丝绵、羽绒、毛皮、泡沫塑料等，如图7-22所示。

　　衍缝：是使用衍缝机或是普通的缝纫机，在面料的表面按照设计好的图案进行缝合，形成各种纹理效果。还可以在面料的反面附加一层海绵或是腈纶棉，以增加面料表面的立体感。

　　d. 材料的整合再创造，即将零散材料组合在一起，形成一个新的整体。这种设计方法试图突破传统的审美范畴，利用不同材料或不同花色面料拼凑在一起，在视觉上给人以混合离奇的感觉，如拼贴和编织，如图7-23所示。

▲　图7-22　填充　　　　　　　　　　　　▲　图7-23　整合再创造

3. 皮革材料

（1）分类　裘皮、皮革。

（2）特点　有天然的纹理和色泽，具有良好的弹性和可塑性。

（3）设计技法。

① 利用制作工艺：原皮裁剪、切刀等。

② 进行镂空、剪切。

③ 在原有裘皮材料上进行染色、拓印。

④ 运用毛皮饰边。

四　服装材料艺术设计的程序

1. 寻找材料艺术设计的灵感来源

　　服装材料的艺术设计也需要灵感的汲取，灵感的来源是多渠道、多途径的。大致分为以下四个方面。

（1）姐妹艺术领域　绘画、雕塑、建筑、摄影、音乐、舞蹈、戏剧等艺术形式都具有丰富的内涵，是材料艺术设计最重要的灵感来源之一。如绘画中的线条、色块、各种抽象与具象图案，雕塑与建筑中的立体空间构成，音乐中的节奏与旋律都能被面料设计所利用，达到令人意外的效果。

（2）科学技术发展　服装材质在某个方面依赖于科技的进步和发展，设计师会利用高科技手段改变面料表面效果或以科技成果为题材来表现面料的形态。如英国面料设计师Janet Stoyer利用激光和超声波进行织物切割、蚀刻和焊接，呈现灼伤效果的新颖面料。

（3）社会文化动态　服装是反映社会环境重大变革的一面镜子，西方国家在20世纪60年代盛行反传统、反体制思潮，出现了破坏材料完整性的设计。在20世纪90年代，绿色设计风潮盛行，服装面料设计出现了具有原始风味和后现代气息的抽纱处理手法。近几年，高级服装设计师们曾对面料肌理进行过爆炸性的再造艺术想象，这些都是社会文化动态对材料艺术设计产生的影响。

（4）历史民族传统　服装的历史，民族文化传统是人类服装生活中宝贵的财富，对现代服装材料的再创造产生深刻的影响。如中国传统的刺绣、镶盘、滚结等传统工艺形式，西洋服装中立体材质造型如抽皱、花边装饰、切口堆积等方法都被服装设计师所吸收，应用到服装面料的二次设计中去。

2. 制订材料艺术设计的方案

将灵感运用在材料的艺术设计中，结合材料自身的特点制订相应的设计方案，是采用平面的设计还是立体设计，利用什么工具，何种方式，达到什么样的艺术效果。

3. 进行材料艺术设计处理

4. 与服装造型完美结合

第三节　服装材料设计的发展趋势

以服装材料艺术设计作为服装构思创作的源泉，使用高科技手段，运用服装材料处理再造技巧，充分展示其与众不同的特色，传达服装最本质的美，是21世纪服装设计发展的新方向。

一　材料的科学性、时代感、可穿性已经跃居现代社会服装开发的首要位置

新技术纺织品已成为国际纺织品市场的一个竞争热点，同时也是纺织行业新的经济增长点。一些发达国家纷纷投入巨资和人力，开发高新科技纤维制品，抢先占领该类产品的国际市场。服装材料已经突破了织造物的束缚，具有创新的非织造物登上了材料史的舞台。高科技、计算机、数字化技术作为现代面料的开发手段已经得到广泛应用。与用单纯的布料和裁剪达到设计要求的时代相比，高性能材料的不断开发使具有高强力、耐磨、耐腐蚀、抗紫外线、抗静电、抗辐射，防水、防油污、阻燃、绝缘、导电、可洗、免烫等功能和特点的高功能纺织品和服装不断涌现。

环保型服装材料也是近年来开发的一个热点

具有保健功能的服装材料，如远红外线纤维、麦饭石纤维等由于能促进血液循环，改善人体的机能，补充人体微量元素，产生人体能吸收的远红外线，激活人体细胞，改善和促进血液循环，也受到了广泛的推崇。智能型纺织品开发也有着突飞猛进的发展，如美国纺织专家目前正在研制一种"传感T恤"。通过T恤上的传感系统可以监测穿着者的体温、呼吸、心率等，穿上这种材料的服装，身体哪一部分出了毛病，衣服上的智能系统就会发出警报。还有一种将仿生学与高科技服装材料相结合的产物"肌肉服装"，就是利用青蛙肌肉收缩和扩张的原理。穿上这种服装后力量会大大增强，不仅跳跃越障能力增强，甚至能够跳跃超常人的高度。

总之，各种不同材料的交替手法和对各种服装材料的再创造手段层出不穷，使服装材料艺术已经渗透到服饰的方方面面。

思考与练习

1. 什么是服装材料的再造设计？它在当今服装设计领域具有哪些意义？
2. 试分析服装材料设计的指导原则？
3. 试列举六种服装材料再造设计的方法，并进行实践操作。
4. 请阐述服装材料再造设计的程序。

参 考 文 献

[1] 朱松文. 服装材料学. 第3版. 北京：中国纺织出版社，2001.

[2] 徐军. 服装材料. 北京：中国轻工业出版社，2001.

[3] 王革辉. 服装材料学. 北京：中国纺织出版社，2006.

[4] 刘国联. 服装新材料. 北京：中国纺织出版社，2005.

[5] 吴载福. 服装企业面料应用与管理. 上海：东华大学出版社，2011.

[6] 肖琼琼，罗亚娟. 服装材料学. 北京：北京理工大学出版社，2010.

[7] 李素英，侯玉英. 服装材料学. 北京：北京理工大学出版社，2009.

[8] 陈娟芬，闵悦. 服装材料与应用. 北京：北京理工大学出版社，2010.

[9] 杨晓旗，范福军. 新编服装材料学. 北京：中国纺织出版社，2012.

[10] 汪秀琛. 服装材料基础与应用. 北京：中国轻工业出版社，2012.

[11] 袁传刚. 服装材料应用. 北京：中国劳动社会保障出版社，2010.

[12] 陈洁，濮微. 服装材料与应用. 上海：学林出版社，2012.